스스로 잘 자는 아기를 위한
스르륵 수면교육

소아청소년과 전문의 범은경 원장의
스스로 잘 자는 아기를 위한
스르륵 수면교육

초판 1쇄 발행 2022년 2월 14일
초판 3쇄 발행 2024년 2월 22일

지은이 범은경
감수   아기잠연구소
편집인 옥기종
발행인 송현옥
펴낸곳 도서출판 더블:엔
출판등록 2011년 3월 16일 제2011-000014호

주소 서울시 강서구 마곡서1로 132, 301-901
전화 070_4306_9802
팩스 0505_137_7474
이메일 double_en@naver.com

ISBN 979-11-91382-10-5 (03590)

소아청소년과 전문의 범은경 원장의

스스로 잘 자는 아기를 위한
스르륵
수면교육

범은경 지음

"
통잠 자는 아기,
엄마가 만들 수 있어요
"

더블:엔

●★◆

범은경 원장님의 소아 수면교육 서적이 2013년 첫 출간된 이래 선생님의 책들은 소아 수면교육의 첫 장을 열며 많은 어린 아기들을 키우는 부모님들과 양육자들에게 큰 도움을 주었습니다. 근 10년 만에 새로 나온 이 책은 5세 미만의 소아 수면에 대한 기본적인 지식과 더불어 실제적으로 어떻게 해야 아기들이 가장 좋은 수면을 취할 수 있는지에 대한 종합적인 지침이 망라되어 있는 백과사전이라고 불리어도 손색이 없는 훌륭한 교과서입니다.

이 책은 아기들의 수면문제를 뇌과학의 측면에서부터 행동학적 문제에 이르기까지 자세히 다루고 있으며 좋은 수면연관을 형성하는 원칙, 빛 환경 조절, 아기의 월령에 따라 어떻게 먹이고 재울 것인지에 대한 구체적인 예시시간표 등 아기를 키우는 양육자들께 유용한 지식과 지혜가 책의 곳곳에 가득합니다.

무엇보다 이 책은 외국 서적의 단순한 모방이 아니라 한국적인 환경, 문화와 가정 가운데 수면 - 각성 리듬의 급격한 발달 과정 가운데 있는 우리 아이들에게 어떻게 가장 좋은 수면을 제공할 수 있는지에 대한 생활 규칙이 2개월 월령 단위로 구체적으로 제시되어 있어 아기를 키우는 초보 엄마와 아빠뿐만 아니라 소아청소년과 의사들과 의학도에 이르기까지 반드시 보아야 할 책이라고 생각합니다.

책 속에는 수면교육의 대원칙의 중요성에 대한 강조, 현장의 다양한 수면교육법에 대한 자상한 설명과 함께 장단점을 비교하는 범 원장님의 친절한 설명이 돋보입니다. 여기에는 의학 지식을 넘어 넉넉한 마음으로 초보 부모님들의 불안한 마음을 보듬어 만지는 친정엄마의 따뜻한 향이 묻어납니다.

범은경 원장님의《스스로 잘 자는 아기를 위한 스르륵 수면교육》책이 출간됨을 같은 소아청소년과 의사의 한 사람으로서, 더욱이 소아들의 더 나은 수면을 위해 함께 일해온 동료로서 다시 한 번 큰 축하를 드리며, 그간의 범은경 원장님의 노고에 감사를 드립니다.

- 채규영 (분당 차병원 소아청소년과 교수, 수면장애 클리닉 소장)

● ★ ◆

인간의 수명을 평균 80세로 했을 때 수면시간이 무려 25~30년이나 된다고 하니, 잠을 잘 자는 것이 인간의 건강유지와 행복지수에 무엇보다 중요하다고 할 수 있겠다.

범은경 원장의《스스로 잘 자는 아기를 위한 스르륵 수면교육》은 신생아 시기부터 영유아기까지 초보부모 뿐 아니라 의료진들에게도 실질적으로 도움이 되는 양육 전반에 대한 이야기가 이해하기 쉽고 밀도있게 담겨있다. 나 역시 40여 년 이상 대학병원에서 소아과의사로 아이들의 진료를 담당해왔지만, 실제 손주를 키우면서 수면문제 만큼은 범은경 원장의 수면에 관한 책과 유튜브 동영상을 보고 많은 도움을 받을 수 있었다.

아이를 기르는 모든 엄마들과 가족 그리고 아이 돌봄에 종사하는 사람들과 의료진들이 편하게 읽고 공감하면서 아이들의 수면교육에 많은 도움을 받기를 바라는 마음으로 이 책을 적극 추천하는 바이다.

- 최영륜 (전 전남대학교 의과대학 소아청소년과 교수)

●★◆

아기들의 올바른 수면습관 들이기에 늘 변함없이 다방면으로 혼신의 노력을 경주하고 계시는 범은경 선생님의 새 책이 발간되었습니다. 이 한 권의 책은 사랑스런 자녀들의 올바른 수면습관 들이기에 힘들어하는 부모들에게 많은 위안과 도움이 될 것입니다. 또한 진료실에서 아기들과 양육자들의 고충을 함께하며 올바른 수면습관 길들이기를 위해 노력하고 계시는 수많은 소아청소년과 선생님들에게 올바른 수면상담의 방향성을 제시하고 문제를 풀어가는 데 실질적인 도움을 주는 명실상부한 바이블로 자리매김하지 않을까 예측해봅니다.

이 한 권의 책에 녹아들어간 범은경 선생님의 그간의 노력과 희생을 어렴풋이나마 알고 있기에 소아청소년과 동료이자 한 시대를 함께 살아가는 친구로서 진심을 담아 감사하다는 말씀을 드립니다.

- 정봉수 (인천 부평 튼튼소아과 원장)

●★◆

열 달을 고생하여 낳은 아이. 세상에서 이보다 더 귀한 존재가 어디에 있을까요?

그러나 부모들은 힘이 듭니다. 아이가 조금이라도 울면 불안해지고

6

밤에 울면서 보채면 아이와 함께 같이 울면서 하얀 밤을 매일 보냅니다. 육아가 아니라 지옥을 경험하는 순간입니다. 이러면 엄마의 건강도 나빠지고 아이도 제대로 자라날 수 없습니다.

이 책은 이런 엄마들의 심정을 잘 헤아리고 있습니다. 저자이신 범은경 선생님의 노고에 감사드리면서 소아청소년과 의사로서 감히 추천드립니다. 건강한 엄마, 건강한 아기, 건강한 대한민국이 되는 길에는 이 책의 내용이 반드시 필요합니다. **- 마상혁 (창원 파티마병원 소아청소년과장)**

●★◆

아기 수면에 대해 고민이 있나요?

20여 년에 걸쳐 소아수면에 대해 연구해오고 있으며 소아청소년과 의사들이 인정하는 소아수면 전문가인 범은경 선생님의 새 책 출간을 축하합니다. 이 책에는 수면코칭 방법부터 행복한 육아에 이르는 길까지 많은 내용이 담겨 있어서 이제 육아를 시작하는 신혼부부들부터 육아전문가에 이르기까지 모두 도움을 받을 수 있는 필독서라고 생각됩니다. **- 박양동 (대한아동병원협회 회장)**

●★◆

의과대학 6년, 인턴 1년, 레지던트 3년 도합 10년을 같이 했다. 의과대학 시절에 90% 이상의 동기들이 정리가 잘된 한 여학생의 노트 덕에 졸업했고 나는 무려 소청과 전문의가 될 때까지 수혜를 입었다.

30년차 소청과 의사로 살아가고 있는 나는 육아상담시 정리의 달인인 이 친구가 쓴 수면교육 책의 도움을 다시 한 번 받고 있다.

이제 이 특별한 혜택을 엄마들은 물론 아이 키우기에 관심이 있는 모든 분들과 함께 나누고 싶다. — 박기원 (광주 북구 미래아동병원 원장)

●★◆

수면은 몸과 마음을 재충전할 수 있는 인간의 필수 기능이다.
특히 아이의 잠은 신체적 건강과 질병 예방은 물론 아이 발달의 토대인 두뇌 발달에 매우 중요한 역할을 한다. 그뿐인가. 부모의 일상생활과 인지기능에도 지대한 영향을 미쳐 아이의 수면습관과 수면의 질에 대한 명확한 처방이 필요하다.
빠르게 읽고 바로 실천할 수 있는 이 책은 모든 부모가 필독해야 하는 아이 사랑법의 첫 번째 실천 매뉴얼이다. 소아청소년 전문의로서 다년간 수면에 대한 상담과 교육에 열정을 다한 범은경 선생은 이 책을 통해 아기의 잠에 대한 분야의 권위자임을 다시 한 번 보여준다.

— 김영희 (충북대학교 아동복지학과 교수)

●★◆

잠의 중요성은 성인이 되어서 깨닫게 되지만 잠습관이 태어나면서부터 만들어진다는 너무나 당연한 진리를 소아청소년과 전문의 범은경 박사님을 만나기 전에는 의식하지 못했던 것 같다. 지역에서 오랫동안 '수면코칭'을 중심으로 다양한 활동을 하시는 범은경 박사님의 이 책을 세상에 아이를 초대할 부모라면 꼭 읽어야 할 필독서로 권하고 싶다.

— 김미경 (광주 여성가족재단 대표)

●★◆

범은경은 훌륭한 엄마다. 자신의 이름을 단 작은 소아과 문을 두드리던 갈급하고 어리둥절한 어린이들과 그 보호자들에게. 멀리서부터 '범 선생님'을 찾아오는 나이, 성별, 국적, 인종을 초월한 어린이들과 그 보호자들에게. 더 해줄 수 없어 안타까워하고 어떻게 하면 더 해줄 수 있을까 고민하고 공부하는, 그런 엄마이자 스승이다.

오랜 세월 동안 몸과 머리와 마음으로 체득한 엄마의 지식과 노하우, 그리고 그 마음이 더 많은 사람들에게 닿기를, 자식으로서 사심 가득 담아 소원한다.

- 박진홍

●★◆

밤새 아기를 업고 재우느라 양육자도 아이도 거의 잠을 잘 수가 없다는 사연, 아기가 울 때면 어찌할 줄 몰라 같이 울었다는 양육자, 잘못된 정보를 접해 무작정 아이를 울리고는 마음이 너무나도 불편해 아기잠연구소의 문을 두드리는 부모 등 다양한 수면문제와 이와 관련된 육아고민을 호소하는 양육자가 생각보다 정말 많습니다.

범은경 소장님의 신간이 이러한 긴 터널 안에서 홀로 육아를 감당해내고 있는 많은 양육자들의 등불이 되길 간절히 희망합니다. 아이는 자는 법을 알고 태어나지 않습니다. 이 신간을 참고하여 아기의 월령별 발달과 상황을 이해하며 순차적으로 자는 법을 알려준다면 분명 자연스레 잘 자는 우리 아기를 발견하게 될 것이라 생각합니다.

- 허수진 ((주)베러투게더(알잠) 대표)

아기가 생기면 마냥 행복할까?

아기와 함께 집에 갇혀 잠 한 번 편히 못 자는 시간이 너무 힘들어 아기가 원망스럽기조차 한데 나는 부모자격 미달일까?

왜 우리 아기만 잠을 잘 못자는 것일까?

지금만 참고 견디면 아기는 곧 스스로 잠잘 수 있게 되는 것일까?

아기를 잘 재우는 수면교육은 꼭 필요할까? 안전할까?

- 출산 전부터 이런 질문을 마음에 품고 두려워하는 예비 부모들을 위해,
- 출산 후 홀로 이런 질문을 마음에 두며 외로워하는 초보 부모들을 위해,
- 이런 의문의 답을 찾아 온오프라인을 헤매는 부모들을 위해,

오랫동안 아기잠 연구와 상담에 심혈을 기울여온 경험을 공유합니다. 네이버에 포스팅하면서 공감을 많이 받았던 글도 일부 갈무리해 올려두었습니다.

아기의 수면습관은 아기를 위해서 뿐 아니라 엄마, 아빠, 가족 모두의 안녕을 위해서 무척 중요합니다. 아기 때 만들어진 수면습관은 생각보다 오래 지속되면서 신체적, 정신적 건강과 사회적 관계에까지 영향을 미칩니다.

아기는 엄마, 아빠의 태도를 통해 수면습관을 익힙니다. 아기가 스스로 잘 자는 수면습관을 가질 수 있도록 말로, 몸으로, 행동으로 찬찬히 잘 가르쳐주는 것이 수면교육입니다.

이 책이 수많은 초보 부모들의 지나친 육체적 피로함, 두려움, 외로움, 불안에 도움이 되기를 바라마지 않습니다.

아기잠연구소 소장 범은경

차례 ————

❖ 한눈에 보는 월령별 수면 이슈

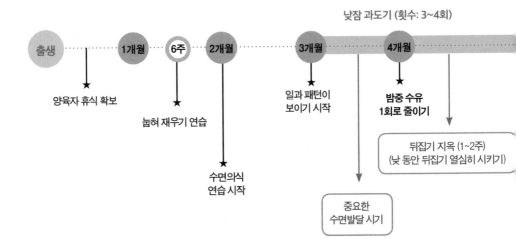

낮잠 과도기 (횟수: 3~4회)

출생 ······ 1개월 ····· 6주 ····· 2개월 ······ 3개월 ······ 4개월

양육자 휴식 확보

눕혀 재우기 연습

수면의식
연습 시작

일과 패턴이
보이기 시작

밤중 수유
1회로 줄이기

뒤집기 지옥 (1~2주)
(낮 동안 뒤집기 열심히 시키기)

중요한
수면발달 시기

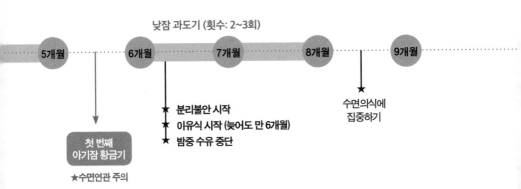

낮잠 과도기 (횟수: 2~3회)

5개월 ······ 6개월 ····· 7개월 ····· 8개월 ······ 9개월

첫 번째
아기잠 황금기

★수면연관 주의

★ 분리불안 시작
★ 이유식 시작 (늦어도 만 6개월)
★ 밤중 수유 중단

수면의식에
집중하기

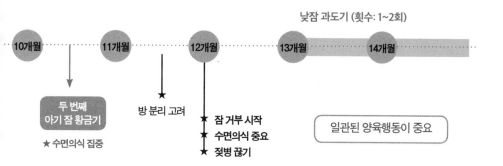

낮잠 과도기 (횟수: 1~2회)

| 10개월 | 11개월 | 12개월 | 13개월 | 14개월 |

두 번째
아기 잠 황금기

★ 수면의식 집중

방 분리 고려

★ 잠 거부 시작
★ 수면의식 중요
★ 젖병 끊기

일관된 양육행동이 중요

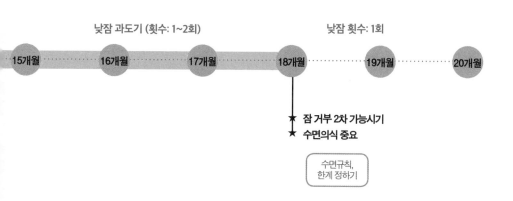

낮잠 과도기 (횟수: 1~2회)   낮잠 횟수: 1회

| 15개월 | 16개월 | 17개월 | 18개월 | 19개월 | 20개월 |

★ 잠 거부 2차 가능시기
★ 수면의식 중요

수면규칙,
한계 정하기

(자료출처 : 아기잠연구소)

❖ 아기의 잠을 얼마나 이해하고 있나요? ❖

		O	×
1	아기의 잠은 역시 기질이 가장 큰 영향을 미친다.		
2	우리나라 아기들은 수면문제가 적은 편이다.		
3	아기 때 수면습관은 오래가지 않는다.		
4	아기들은 곁에 데리고 잘수록 더 푹 재울 수 있다.		
5	안은 채로 재우면 엄마는 힘들어도 아기는 푹 잘 수 있다.		
6	젖이나 우유병을 물려 재우면 재우기가 훨씬 쉽다.		
7	노리개 젖꼭지는 아예 처음부터 사용하지 않는 것이 상책이다.		
8	모유수유를 하면 아기에게 좋은 수면습관을 만들어주기 더 쉽다.		
9	모유수유를 하면 아빠가 아기 수면교육에 동참하기 어렵다.		
10	잠자리를 자주 바꾸어주면 어디서나 잘 자는 무던한 아기로 키울 수 있다.		

		O	×
11	잠투정은 있을 수 있는 일로, 문제로 생각할 필요가 없다.		
12	아기들도 밤잠을 푹 자면 낮잠은 좀 덜 자도 괜찮다.		
13	아기의 하루 일과가 규칙적이 되려면 돌 무렵은 되어야 한다.		
14	잘 안 자려고 하면 피곤해질 때까지 기다렸다가 재운다.		
15	배가 더부룩하면 잠을 잘 못 자므로 아기들도 배가 고픈 듯하게 재운다.		
16	특정한 물건을 옆에 두어야만 잘 자는 것은 좋지 않은 수면습관이다.		
17	자면서 코를 고는 것은 유전으로, 꼭 치료가 필요한 것은 아니다.		
18	수면교육이란 스스로 자는 습관을 위해서 울어도 무시하는 것을 말한다.		
19	수면교육은 아기가 좀 자란 뒤에 하는 것이 더 쉽다.		
20	아기가 아플 때도 수면교육의 원칙은 꼭 지켜야 한다.		

(정답 : 모두 X)

1장

잠 잘 자는 아기로
키울 수 있나요

1 ────── 아기가 잠을 잘 못 자는 이유

°¦°◌☆
☆´°¦°　벌써 몇 달째 잠을 제대로 잔 적이 없다는 아기 엄마는
　　　　질문을 시작하면서 벌써 눈물이 그렁그렁해집니다. 아기가 생기면 행복할 줄 알았더니 임신과 출산의 피로를 회복할 시간도 없이 이게 대체 무슨 일이란 말입니까.

　아기가 잠을 잘 못 자는 데는 분명히 이유가 있습니다. 다만 이유를 찾으려면 꽤 많은 노력과 안내심이 필요해서 쉽지 않을 뿐입니다. 많은 양육자들이 원인을 찾으려는 시도조차 하지 않거나 잠시 시도하다가 곧 포기하고 임기응변으로 대처하고 마는데, 그래서는 같은 문제를 반복해서 겪을 수밖에 없습니다. 갈수록 어려운 문제에 봉착할 수도 있고요.
　아기들의 수면문제는 중요한 운동 발달 시점마다 또는 정서적 긴장이 높아지는 시기마다 반복적으로 나타납니다. 게다가 아이가 자랄수록 많은 원인들이 복잡하게 얽히게 됩니다. 여기에 양육자의 피로와 불안감까지 누적되면 한숨과 눈물만 늘어날 뿐 문제

는 자꾸 해결과 멀어지고 마는 것이죠.

그러므로 아직 문제가 생기지 않았을 때부터 아기에게 수면문제가 생길 수 있는 상황들에 대해 잘 알고 있어야 하고, 만약 문제가 보이기 시작했다면 아무리 마음이 급하고 몸이 힘들더라도 당장 재우기에 급급하기보다 문제의 원인을 잘 찾아보려는 마음가짐이 꼭 필요합니다.

아기가 잠을 푹 못 자는 첫째 원인은 신체가 아직 너무 작고 필요한 호르몬이 제대로 분비되지 않기 때문입니다. 한 번에 푹 잘 수 있으려면 자주 배가 고프지 않아야 하는데, 어린 아기는 위가 아주 작아서 한 번에 먹을 수 있는 양이 적으므로 먹기 위해 자주 일어날 수밖에 없습니다. 또한 밤에 푹 자고 낮에 기분 좋게 깨어 있으려면 수면 호르몬과 각성 호르몬이 제대로 분비되어야 하는데, 생후 2~3개월이 되어야 이런 호르몬 분비가 적절해집니다.

그래서 아직 3개월도 채 안 된 어린 아기를 키우는 엄마 아빠라면 본래의 자신의 생활패턴으로 빨리 돌아가려고 욕심을 부리기보다 아기의 리듬에 맞추어 자신의 하루를 조절하려는 노력이 필요합니다.

아기가 아주 어릴 때는 수면교육의 원칙에 너무 얽매여서도 곤란합니다. 지나친 욕심은 오히려 육아를 어렵게 만들 수 있습니다.

두 번째 원인은 아기의 잠 습관입니다. '좋은 잠 습관'은 아기가 쉽게 잠드는데 도움이 되지만, '좋지 않은 잠 습관'은 아기의 숙면을 크게 방해합니다. 예를 들어 엄마 아빠 품에서 잠 드는 잠 습관이 생긴 아기는 누워서는 잠을 잘 잘 수가 없어서 내려놓기만 하면 깹니다. 하지만 누워서 자는 습관이 있는 아기는 일단 잠이 들면 아침까지 잘 가능성이 훨씬 높습니다.

또 날마다 잠자리에 들기 전에 하는 '습관적 행동'도 잠이 잘 드는데 크게 도움이 됩니다. 잠자리 습관은 마치 최면처럼 신체적 이완과 정신적 편안함을 불러오며 잠을 잘 자려면 이러한 이완과 진정이 반드시 필요합니다.

세 번째 원인은 아침과 저녁을 잘 구분해주지 않거나 하루를 불규칙하게 보내기 때문입니다. 사람은 누구나 뇌 속에 24시간을 주기로 켜졌다 꺼졌다 하는 생체시계가 있습니다. 이 생체시계가 켜지면 활동을 시작할 수 있는 힘이 나고 시계가 꺼지면 나른해지면서 휴식에 들어가게 되지요. 시계를 켜는 것은 눈으로 들어오는 빛이고 작동을 멈추게 하는 것은 어두움입니다.

만약 아침이 되었는데도 눈에 빛이 들어오지 않으면 시계가 제대로 켜지지 않겠지요. 마찬가지로 저녁이 되었지만 계속 눈으로 빛이 들어오면 작동이 잘 멈추지 않게 됩니다. 따라서 아침이면 온 집을 환하게 하고, 저녁이면 어둡게 해야 잘 자는데 도움이 됩니다.

생체시계를 작동시키는 것은 빛과 어둠이지만 자주 작동시간을 바꾸면 헷갈려서 마침내 고장이 나기도 합니다. 생체시계가 고장 나면 어떤 일이 일어날까요? 시도 때도 없이 졸리지만 깊게 자지는 못하게 됩니다.

기상시간, 낮잠시간, 밤잠시간이 일정하지 않은 아이들에게 수면문제가 훨씬 많이 일어나는 이유는 이렇게 생체시계에 문제가 생기기 때문입니다.

그러나 **아기를 잘 재우기 위해서 그 무엇보다 중요한 것은 부모가 아기 양육에 대해 과도하게 불안을 갖지 않는 것입니다.** 불안한 마음으로 아기를 보면 아기의 잠을 제대로 이해할 수가 없을 뿐 아니라 좋은 잠 습관을 위해 필요한 인내의 시간을 견딜 힘이 없어지게 됩니다.

2 ——————— 아기는 자는 법을 알고 태어나지 않아요

✦✧ 식욕과 수면욕은 인간의 본능입니다. 하지만 사람마다
조금씩 다른 입맛이나 자신에게 가장 편안한 수면환경은
어떻게 정해질까요?

무엇이든 골고루 잘 먹는 사람들은 길러준 분께 감사해야 합니다. 입맛은 어린 시절 길러주고 먹여준 사람의 취향과 손맛에 달려 있으니까요. 이유식 시기에 다양한 맛과 질감을 경험시켜 주어야 하는 이유도 바로 이런 것이고요. '잠'도 마찬가지입니다. 아기 때 양육자가 알게 모르게 만들어준 수면습관이 아기잠의 거의 모든 것을 결정하며 이 습관은 자라서까지 두고두고 영향을 미치게 됩니다. 아기를 대하는 양육자의 반복적인 행동은 의도하지 않았더라도 아기에게 큰 교육적 효과를 나타냅니다. 아기의 행동은 대부분이 학습의 결과이며, 아기의 수면습관도 타고난 것이 아니라 양육자가 어떻게 재우는가에 따라 만들어지는 것입니다.

어른들이 졸리면 스스로 잠자리에 들어가 잠을 청하는 것처럼

아기들도 피곤하고 졸리면 스스로 잠들 수 있도록 가르쳐야 합니다. 처음에는 방법을 몰라서 보채거나 울겠지만 그러다가 어느 날 드디어 쉽게 스스로 잠드는 방법을 알아내게 됩니다. 물론 기질에 따라 신체 상태에 따라 속도 차이가 있을 수 있고, 중요한 발달 시기마다 퇴행할 수도 있지만요.

　가르치는 방법은 간단합니다. 스스로 방법을 찾을 때까지 잘 기다려주는 것입니다. 만일 그 시간을 미처 기다려주지 못하고 보채는 아기를 빨리 달래 재우기 위해 안아주거나 젖을 물리면 아기는 그것을 잠드는 방법에 대한 학습으로 받아들입니다. 한 번 학습이 되면 이제는 그 방법이 아니고는 잠이 들기 어렵게 되고요. 때로는 무관심도 필요할 것입니다. 물론 사랑을 듬뿍 담은 무관심이어야 하지만요.

　아기를 키우는 일이란 정말 많은 기다림과 인내가 필요한 일입니다. 아기가 자랄수록 스스로 잠들도록 기다려주는 것쯤은 정말 아무것도 아니라는 것을 알게 될 거예요.

 아기는 자는 법을 알고 태어나지 않습니다. 태어난 후 서서히 터득해가는 것입니다. 졸려서 운다고 안아주지 마세요. 쉽게 자도록 젖을 물리지 마세요. 대신 **스스로 잠드는 법을 알아내도록 기다려주세요. 아기가 스스로 잠들도록 기다려주는 수면교육**이야말로 스스로 삶을 헤쳐 나갈 수 있는 아기로 키우는 훌륭한 육아의 출발점입니다.

3 ——————— 잘 자는 방법을
가르칠 수 있을까요?

많은 분들이 "잘 자는 방법을 가르칠 수 있을까요?" 라고
묻습니다. 제 답은 항상 똑같습니다. 잘 자는 방법은 '가
르쳐야' 합니다.

아기에게 잠 자는 방법을 의도적으로 가르치는 것이 부자연스럽
다고 생각하는 분들이 있는데 이렇게 생각해보면 오해를 거두기
가 훨씬 쉬울 것입니다.

가르치지 않아도 아기는 스스로 학습을 하고 학습의 결과로 습
관은 만들어집니다. 다만 아기는 어떤 습관이 자신과 가족에게 도
움이 되는 습관인지, 또 어떤 습관이 생기면 두고두고 괴로울지 알
지 못하기 때문에 그때 그때 편하게 느껴지는 것을 받아들여서 학
습을 할 수밖에 없는 것이죠. 낮이나 밤이나 부모 등에서만 잠을
자는 습관, 젖꼭지를 입에 물어야만 잠이 드는 습관, 아빠 배 위에
올라가서 자는 습관, 엄마 머리카락을 잡아당기며 자는 습관 등 양
육자를 괴롭게 하고 스스로도 깊은 잠을 잘 수 없게 되는 이 모든

습관은 다 부모가 자신에게 해주는 행동 중에서 자신에게 편안하게 느껴지는 것을 자는 방법으로 학습한 결과입니다.

아기들은 몸의 성장 뿐 아니라 뇌도 하루가 다르게 빠른 발달을 하는 중이므로 이런 습관화 과정은 의외로 쉽게 일어납니다. 습관화 과정이란 뇌에 꿈나라로 가는 선로 작업을 하는 것과 같고, 한 번 설치를 끝낸 선로를 바꾸는 것은 무척 어렵습니다. 그래서 아기의 수면습관은 부모가 방향성을 정해서 학습 시키는 편이 훨씬 현명합니다. 아기 뇌에 평생을 두고 가장 효율적이고 편리한 꿈나라 행 선로가 깔리도록 부모가 돕자는 말입니다.

이 중요한 사실을 아기를 키우던 그 시절에 알았더라면 얼마나 좋았을까요. 수면교육을 처음 공부하며 저도 후회에 마음이 저렸고 아기잠연구소 코치들도 하나같이 마음 아파했습니다.

책에서는 아기의 수면습관을 잘 만들기 위한 방법들을 시기별로 아주 자세하고 친절하게 안내하려고 합니다. 언제부터 아기에게 길을 안내할지, 어떤 것부터 학습을 시킬지, 선로가 잘못 만들어질 가능성이 높아지는 시기는 언제인지, 습관이 잘못 만들어지고 있다는 것을 알아챌 방법이 있는지, 알아챘다면 어떻게 수정해야 할지.

잘 따라서 하면 아기에게 좋은 수면습관을 만들어주는 것이 생각보다 어렵지 않을 것입니다. 그러나 얻을 수 있는 결과는 기대보다 훨씬 큽니다. 이해가 잘 안 되는 것이 있으면 '알잠' 카페에 쌓인 수많은 상담사례와 '알잠TV'를 참고해보시기 바랍니다. 잘 보면 사실은 같은 이야기가 상황만 조금 달라진 채로 계속 반복되고 있다는 것을 눈치 챌지도 모르겠습니다. 시간과 노력이 좀 필요하겠지만 수면교육의 원리를 일단 이해하면 아기에게 좋은 수면습관을 만들어주는 것이 그리 어렵지만은 않습니다. 여러분에게 아기 기르는 과정을 즐길 여유가 얼른 생기기를 진심으로 바랍니다.

뇌과학을 알면 수면교육이 보입니다

잘 자는 방법은 가르칠 수 있으며 나아가 가르쳐야 한다는 앞선 글을 좀 더 자세하게 풀어보겠습니다. 좀 어렵게 느껴져도 잘 음미하며 읽어보기를 부탁드립니다. 우리 뇌 속에서 일어나는 일들을 영화 보듯 상상하며 읽으면 더 재미를 느낄 수도 있을 것입니다. '수면교육'을 이해하는 첫 걸음은 바로 여기에서 시작하므로 이 글로 수면교육의 개념을 이해하게 되었으면 좋겠습니다.

우리 뇌에는 무려 천억 개에 가까운 뇌세포가 들어 있죠. 작은 뇌 안에 그렇게 많은 세포가 들어 있다는 것이 신기하지만 실은 이렇게 많은 뇌세포 수보다 더 중요한 것이 뇌세포 사이의 연결입니다. 생물체의 기능들은 생각보다 복합적이어서 대부분의 기능이나 행동은 여러 개의 뇌세포들이 서로 연결되어 주고받는 신호의 결과로 나타나거든요.

하나의 뇌세포는 여러 개의 뇌세포와 서로 신호를 주고받을 수 있는데 이렇게 신호연결이 이루어지는 정거장을 '시냅스'라 부릅니다. 시냅스의 숫자는 수조 개이며 엄마 뱃속에서부터 건설되기 시작해서 아기가 어릴 동안 아주 왕성하게 만들어집니다. 지나치게 왕성하게 일어나기 때문에 불필요하게 만들어진 연결을 정리하는 해체 과정 역시 같이 진행되는데 이것이 '가지치기(pruning)'입니다.

시냅스의 건설과 해체가 아주 활발하게 일어나고 시냅스를 통한 뇌세포 간 신호연결이 아주 왕성하게 생긴다는 것을 일러 '**뇌의 가소성**(plasticity)'이라고 말합니다. 뇌과학을 잘 몰라도 발달 중인 어린 아기의 뇌가 매우 가소성이 높을 것이라는 걸 예상하기는 별로 어렵지 않을 것입니다.

사람마다 시냅스를 통한 뇌세포 신호연결 회로는 조금씩 다를 수 있는데 엄마 뱃속에 있을 때는 유전적인 부분이 여기에 상당히 영향을 미칩니다. 반면 아기가 태어난 후에는 양육환경이 시냅스의 개수, 연결의 방향, 연결횟수 등을 많이 달라지게 합니다. 아기를 기르는 사람들이 반드시 기억해야 하는 부분입니다.

비슷한 상황에서 사람들의 행동과 감정이 서로 다른 것은 시냅스를 통한 뇌세포 간 연결의 차이가 있기 때문이고, 습관이란 다름 아닌 시냅스 연결방식이라고도 말할 수 있습니다. 그리고 시냅스 건설과 시냅스 사이 신호연결이 왕성하게 만들어지고 있는 시기, 즉 뇌의 가소성이 아주 높은 아기 때는 습관이 훨씬 쉽게 만들어집니다.

뇌의 높은 가소성으로 인해 부지불식간에 만들어져버리는 아기

습관의 대표적인 것이 바로 '수면습관'입니다. 아기는 하루의 대부분을 자다 깨다 하면서 보내기 때문에 습관이 만들어질 수 있는 기회가 상대적으로 많기 때문일 것으로 짐작합니다. 그러나 쉽게 만들어지는 이 수면습관이 아기 자신과 부모들의 삶의 질에 미치는 영향은 실로 대단합니다.

아기에게 바람직하지 않은 습관이 생기는 것을 막는 가장 좋은 방법은 앞 장에서 강조했듯이 **부모의 단순한 양육행동이 아기들에게는 예상치 못했던 습관과 행동이라는 결과로 나타날 수 있다는 것을 유의하는 것입니다.** 나아가 의도적으로 바람직한 습관을 가르쳐야 합니다.

아기 수면교육에서 강조하는 '수면의식(bedtime routine)'은 뇌의 가소성을 이용해서 좋은 수면습관을 만들어주는 대표적인 양육행동의 예입니다. 재울 때마다 이완에 도움이 되는 똑같은 행동(수면의식)을 반복해주면 뇌에 그 행동과 잠 사이 신호회로가 만들어진다는 것이 '수면의식'의 개념입니다. 신호회로가 일단 만들어지면 수면의식이 아기를 잠까지 바로 데려다주게 됩니다. 다만 신호회로가 사라지지 않게 하려면 날마다 같은 행동을 반복해서 잊지 않게 해주어야 하죠. 그리고 높은 가소성을 이용하기 위해서는 **수면의식을 아기가 2개월이 되면 시작해서 4개월에는 정착시키는 것이 좋습니다.**

한편, 대표적으로 잘못 연결된 뇌 시냅스 간 신호연결의 예는 '수면연관'입니다. 엄마 품에 안겨 있는 것, 또는 젖꼭지를 무는 것과

잠 사이에 신호연결이 잠에 이르는 주회로가 되어버리면 다음에
는 엄마 품이나 젖꼭지 없이 잠들기가 아주 어려워지니까요.

공부를 하면 할수록 아기 수면교육이 아주 과학적 개념이라는
것을 깨닫게 됩니다. 뇌를 잘 아는 뇌과학자들이 아기 수면교육
의 개념을 처음으로 들고 나왔던 것은 참 당연했습니다. 수면교육
이 아기를 울리는 몹시 나쁜 아동학대라고 비난했던 사람들은 물

론 좋은 의도였겠지만 실은 뇌과학적 지식의 부
족 때문에 비합리적인 생각을 하게 되었을 것입
니다.

4 ——— 부모에게 더 중요한 아기의 잠

'잠'이 건강에 미치는 영향에 대해서 점차 사회적 관심이 높아지고 있습니다. 아기들의 잠에 대한 관심도 전과 비교할 수 없을 만큼 커져서 오랜 시간 아기잠을 연구해온 사람으로서 무척 다행입니다. 하지만 아기의 잠을 키, 또는 면역에만 관련 지어 걱정을 하는 양육자들이 대부분인 것 같습니다. 물론 수면은 성장 호르몬을 비롯한 많은 호르몬 분비와 관련이 깊습니다. 하지만 아기들의 잠은 그보다 훨씬 더 중요한 의미들이 많은데 이 부분은 너무 사소하게 여겨지고 있는 듯합니다.

아기의 건강하지 못한 잠 습관은 아기 자신은 물론이고 엄마 아빠의 안녕까지 심각하게 위협할 수 있습니다. 아기를 키우는 분들은 물론이고 우리 사회 전체가 놓쳐서는 안 될 중요한 사실은 바로 이것입니다.

유명한 뇌과학자이자 소아청소년과 의사인 퍼버(Richard Ferber) 박사는 아기들의 잠자리 습관이나 행동을 달라지게 하는 방법에 대해 앞장서서 알리고 연구를 주도한 사람 중 한 사람입니다. 아기의 수면습관이 훈련을 통해 습득된다는 그의 주장은 충분한 과학적인 근거가 있었음에도 불구하고 처음 책을 출판했던 당시에는 큰 비판에 직면했다고 합니다. 훈련과정 중에 아기의 울음을 잠깐 무시해야 한다는 사실이 아동학대라는 오해를 불러일으킨 것이죠. 사실 이런 비판은 보라는 달은 보지 않고 가리키는 손가락만 보는 것과 같습니다. 아기들이 새로운 잠자리 습관을 익히는 과정과 원리를 이해하려고 하기보다 그 과정에서 동반되는 아기의 울음에만 온통 초점을 맞춘 것이니까요. 물론 이제는 퍼버 박사의 방법이 아동에게 해롭지 않다는 것이 여러 연구결과들을 통해 밝혀졌습니다.

퍼버 박사를 비판했던 사람들이 범했던 또 하나의 중요한 잘못은 양육자의 평안이 아기에게 미치는 영향을 간과한 것입니다. 이런 잘못을 하는 사람은 아직도 꽤 흔한데, 아마도 인간의 '모성'이 육체적 한계쯤은 가볍게 뛰어넘는 것이라는 신화를 믿는 것 같습니다.

육체적 한계에 달한 사람이 아기를 잘 돌보는 것은 사실상 불가능합니다. 비행기 안에서 산소부족이라는 비상상황을 만나면 도움이 필요한 아이보다 어른이 먼저 산소마스크를 쓰도록 안내하지요. 아이에게 먼저 산소마스크를 씌우려다가 어른이 정신을 잃으면 어른과 아이 모두 위험해지지만, 어른이 먼저 산소마스크를 쓰고 정신을 차리면 어른도 아이도 살 가능성이 높아지기 때문입니다.

아기의 잠이 부모에게 미치는 영향 중 가장 중요한 것은 산후우울증상과의 높은 연관성입니다. 사실 꽤 많은 여성들이 아기를 낳고 난 직후부터 행복감보다 과연 내가 엄마 노릇을 할 수 있을까 하는 불안과 우울을 수시로 느끼죠. 차마 말로 꺼내지 못할 뿐입니다. 누구에게도 말하기 어려워서 더욱 서럽고 외롭고 두려웠다고 아주 훗날에야 눈시울을 붉히곤 합니다. 산후우울증이 생기는 것은 출산으로 인한 호르몬의 변화 때문이지만 증상을 부추기는 것은 아기를 기르는 일에 필연적으로 동반되는 육체적, 정신적 고통입니다. 그리고 이 고통 중 으뜸은 수면부족으로 인한 고통입니다. 집안일은 가능한 대로 주변의 도움을 받고 아기가 잘 때마다 함께 자면서 잠깐씩 휴식을 취하라고 저도 초보엄마들에게 조언은 하지만 사실은 말처럼 쉬운 일이 아닙니다. 아기는 수시로 자다 깨다를 반복하는데 반해 엄마는 아기처럼 눕자마자 쉽게 잠들기가 어렵거든요. 겨우 잠이 들 만하면 아기는 벌써 깨서 울기 시작하므로 결국 하루에 두세 시간도 제대로 자기 어려운 것이 어린 아기를 키우는 엄마들의 현실입니다. 산후우울증을 겪고 있는 사람에게 수면부족으로 인한 극심한 신체적, 정신적 피로감이 더해지면 매우 위험합니다.

두 번째 중요한 의미는 **아기의 수면문제가 길어지면 아기와 엄마 관계에 문제가 생길 수 있다는** 것입니다. 만약 6개월이 넘도록, 때로는 돌이 다 되도록 아기가 잠을 잘 안 잔다면 어떨까요. 잠에 문제가 있는 아기들은 스스로도 기분이 좋지 않기 때문에 낮에도 그리 순하지 않습니다. 낮에도 보채고 밤에도 자주 깨는 아기를 기르는 엄마 아빠에게는 아무리 자신을 쏙 빼닮았다 해도 아기가 사랑스럽고 예쁘다는 생각이 남아있기 어렵습니다.

아기 입장에서 바라봐도 부모가 쉽지 않죠. 부모의 피로를 이해할 수는 없으니 표정과 말투에서 자신에 대한 감정을 짐작해야 하는데 부모가 편안해보이지 않으니 불안해질 밖에요. 아기는 불안해서 더 잘 수가 없는데 부모는 힘들어서 아기에게 제발 좀 자라고 소리를 더 지르고 그럴수록 아기는 더 우는 악순환. 이렇게 부모와 아기의 관계가 악화되면 영유아 시기 가장 중요한 과제인 애착에 문제가 생길 수 있습니다. 아기와 부모 사이 관계가 여기까지 이르면 아기의 수면문제 해결은 정말 어려워집니다. 이제부터는 복합함수 풀이과정처럼 아기의 불안과 엄마의 우울을 동시에 개선시켜야 아기의 수면문제가 해결되기 때문입니다.

아기의 잠 문제가 부모에게 미치는 영향으로 또 하나 중요한 것은 **아기로 인해 잠 못 자는 날이 길어지면 부부관계에 금이 갈 수 있다는** 점입니다. 상담의 경험을 더할수록 아기의 잠이 부부관계에 미치는 영향은 꽤 심각한 문제라는 생각이 듭니다. 힘든 시간이 길어지면 부부가 서로에게 탓을 돌리느라 언성을 자주 높이게 되는 게 인지상정이거든요. 밤에 아기를 재우기가 힘들수록 아기 엄마의 우울도 확실히 높고 부부관계도 좋지 않았으며, 아기의 수면습관을 바로잡자 아기 엄마의 우울, 부부관계 모두 상당히 호전되었다는 연구결과도 있습니다.[1] 아기로 인해 잠을 못자는 날이 길어지면 배우자에 대한 서운한 감정이 커지면서 아기의 수면문제를 실제보다 더 고통스럽게 느끼기도 합니다. 나이가 들면 알게 되는 일이지만 한 번 틀어진 부부 사이의 회복을 위해서는 참 많은 노력과 시간이 필요할 수 있습니다.

아기를 낳고 오랫동안 숙면을 하지 못하면 출산 후 1년이 지나도록 임신 전 체중 근처로도 못 돌아간다는 눈에 확 들어오는 연구도 있습니다. 출산 6개월 후 수면시간과 1년 후 체중을 비교해보았더니 6개월 때 잠을 5시간 이상 자기 어려웠던 산모는 아기가 돌이 되어도 출산 시 체중에서 5kg 이상 빠지기가 어렵더라는 것입니다.[2]

과체중은 과거의 아름다움을 잃었다는 자괴감만의 문제가 아닙니다. 당뇨병 등 대사이상 질환과 심혈관계 이상으로 이어질 수 있는 질환의 하나가 비만이므로 출산 후 체중회복은 산모의 건강에 매우 중요한 문제입니다.

대가족이 모여 살거나 이웃이 가족처럼 복닥거리고 살면서 서로 힘을 보태던 때는 아기의 잠 문제가 부모나 부부에게 미치는 영향이 그리 크지 않았을 수 있습니다. 이제는 아기의 잠을 잠시 견디고 있으면 지나가는 정도의 문제로 취급하기는 어려워졌습니다. 아기의 좋은 잠 습관은 아기에게보다 어쩌면 어른에게 더 필요합니다.

산후우울증

아기를 낳고 산후우울증으로 고생하는 사람이 생각보다 많습니다. 저도 첫 아이를 낳은 뒤 한동안 커리어에서 뒤처지고 있다는 불안감이 컸습니다. 아이가 있다는 행복보다 우울감이 오히려 더 컸는데 그때의 느낌은 그 아이가 어른이 된 지금까지도 생생합니다.

출산 후 6개월은 호르몬 변화로 인해 정서적 문제가 일어나기 쉬운 시기입니다. 이 시기에 산후우울감을 겪을 확률은 무려 85%에 이른다고 하는군요. 산후우울감을 겪는 동안에는 자꾸 눈물이 나거나 화가 납니다. 심하게 고립감을 느끼면서 두통이 생기기도 하고요. 다행이 산후우울감은 대부분은 일주일이 지나면 사라집니다. 하지만 만약 출산 후 한 달 가까이 되었는데도 우울증상이 있고 2주 이상 지속된다면 이제는 산후우울증을 생각해야 합니다.

산후우울증까지 겪는 산모의 비율도 12~13%에 달한다고 알려져 있으니 적지 않은 숫자입니다. 그러므로 만약 아이를 낳고 과도하게 우울하다면 나 혼자 겪는 일이라고 생각하지 않아야 합니다. 2015년에 우리나라 인구보건협회에서 실시한 모바일 조사에서는 출산 여성 중 산후우울증으로 인해 자살 충동을 느낀 비율이 무려 33%에 달한다고 나타났습니다.

산후우울증의 증상은 좀 더 심각해서 우울 증상 뿐 아니라 불안, 분노를 느끼기도 하고 아이를 돌볼 수 없다는 무력감이나 죄의식이 생기기도 합니다. 이전에 기분장애를 앓았던 사람은 특히 위험성이 높습니다. 만약 누구의 도움도 받을 수 없어서 혼자 아기를 돌보느라 수면부족까지 겹치면 증상은 더욱 심해집니다.

우리나라는 우울증에 대한 인식이 매우 잘못되어 있어서 우울 증상을 드러내기 힘들 뿐 아니라 아기를 낳으면 모성이 저절로 샘

솟는다고 생각하는 경향마저 있어서 우울한 산모를 죄책감으로 몰아넣기조차 합니다.

　산후우울증을 예방하려면 하루에 잠깐씩이라도 햇빛을 보는 시간과 운동 시간이 필요하며 무엇보다 휴식 시간과 충분한 수면이 필요합니다. 가족과 주변 사람들은 우울한 산모를 탓할 것이 아니라 적극적으로 도와야 합니다. 무엇보다 배우자의 적극적 지지와 도움이 필수적입니다. 산모가 정신적으로 편안해야 아기를 잘 돌볼 수 있고, 양육자와 아기의 관계가 안정적일 때 아기도 건강하게 자랄 수 있습니다. 다만 가족의 도움에도 증상이 심해지면 꼭 병원에 가서 치료를 받아야 합니다. 치료시기를 놓치면 긴 우울기간이 산모 본인과 가족에게 후유증을 남길지도 모릅니다.

5 ———— 아기의 수면습관이
아기에게 미치는 영향

아기가 잠을 못 잔다고 걱정하는 분들 중 태반은 성장 호르몬 이야기를 합니다. 물론 한밤중에 깊은 잠에 들어 있지 않으면 성장 호르몬의 영향을 충분히 받을 수 없는 것은 사실입니다. 그러나 키는 잠의 영향보다 유전과 식이의 영향이 더 크다고 말할 수 있으므로 키를 아기잠이 중요한 이유의 가장 앞에 내세우는 것은 무리가 있습니다.

정서와 주의력에 미치는 영향

잠이 아기 스스로에게 미치는 영향 중에 제가 가장 중요하게 생각하는 것은 아기들의 수면문제가 꽤 오래도록 정서와 주의력 조절에 영향을 미칠 수 있다는 것입니다.[3]

호주에서 무려 4,000명이 넘는 아기들을 대상으로 수면문제가 일으키는 연쇄반응을 연구한 자료가 있습니다. 아기가 잠을 잘 못 자면 정서가 불안해지고 불안한 정서는 주의력에 지장을 초래할 뿐 아니라 또 불안 때문에 더 잠을 못 자게 되는 악순환을 만드므로 아기 때 수면문제는 초등학교에 들어간 후까지 아주 긴 시간 동안 연쇄적으로 영향을 미치게 된다는 것이지요. 연구자들은 말합니다. 아기가 자기조절능력을 획득하게 하려면 아기 때 수면습관을 잘 만들어주는 것이 핵심이라고요.

영유아 때 수면문제가 소아청소년 시기 정서에 미치는 영향에 대해 보다 심각하게 보고한 자료도 있습니다. 영유아 때 수면문제가 심할수록 만 3~4세 무렵 분리불안 등 정서문제들을 더 많이 겪을 뿐 아니라 만 8~9세 정서장애가 생길 가능성도 커진다는 연구이지요.[4] 몹시 걱정이 되는 연구결과가 아닐 수 없습니다.

수면부족과 비만

코로나 이후 우리나라 아이들 비만도가 얼마나 높아졌는지 소아청소년과 의사로서 걱정이 이만저만이 아닙니다. 비만이 두고두고 미칠 영향을 생각하면 사실 아이들에게 있어서는 어쩌면 비만이 코로나보다 더 문제일지도 모르겠습니다. 코로나 전에도 과도한 학습, 운동 부족, 서구화 되어가는 식이습관, 줄어든 수면시간의 영향으로 우리나라 아이들의 과체중은 이미 염려되고 있는 상황이었으니까요. 비만에 영향을 미치는 여러 가지 요인들 중 수면시간은 나이와 무관하게 과체중을 유발할 수 있습니다. 잠이 부족하면 여러 가지 호르몬에 불균형이 생기기도 하고 피곤해서 움직임이 줄어들기 쉬우니까요. 아이들의 비만은 성인까지 이어질 확률이 매우 높은 데다 정서적, 신체적 문제를 불러일으키므로 더욱 심각한 문제입니다.

　아이들의 수면시간과 비만의 상관관계 연구 논문들을 종합 검토 해서 보고한 자료를 소개드리면, 영유아부터 청소년기까지 수면시 간은 비만과 상관관계가 매우 높다고 말하고 있습니다.[5] 영유아만 을 대상으로 한 연구도 결과는 마찬가지입니다. 3개월 때 수면시 간이 짧을수록 이후 24개월까지 키에 대한 체중의 증가폭이 더 급 격했습니다.[6]

수면부족이 인지기능에 미치는 영향

　설마 잠이 아이들의 인지기능에까지 영향을 미칠 리는 없다고 생각한다면 지금 소개해드리는 연구결과를 잘 읽어보기 바랍니 다. 아기들은 그렇게 오래 자는데도 발달이 왕성한 것으로 미루어 잠이 발달에 어떤 영향을 미치는 것일까 궁금해하는 연구자들이 있었습니다. 아기들은 어른처럼 깨어 있는 동안 기억을 정리할 능 력이 없어서 외부를 완전히 차단한 상황이 되어야 주변 환경에서 경험한 것들을 의미 있는 기억으로 만들어낼 수가 있다는군요.[7] 특히 아기가 어릴수록 약한 기억이 자극에 의해 쉽게 없어져버리 므로 낮잠이 기억력 발달에 미치는 영향이 크다고 했습니다.[8]

　아기들의 잠이 지능에 미치는 영향을 좀 더 구체적으로 알아본 연구자도 있습니다. 돌 이전에 잠을 잘 잔 아기들과 그렇지 않았던 아기들을 나누어서 만 4세 때 지능검사를 해보았더니 잠을 덜 잔 아기들에게서 실행기능에 특히 문제가 생기는 것으로 나타났다고 하지요. 실행기능이란 상황에 따라 행동을 조절하는 능력을 뜻하는 용어입니다.[9)]

잠을 잘 못자는 아기들은 또래 관계도 별로 좋지 못한데, 만 3세에서 5세 사이 아기를 대상으로 잠과 사회성의 관계를 연구한 국내 연구를 보면 잠을 못 잘수록 기분조절을 못하고 실행기능이 떨어지므로 공격성이 높아지거나 위축되면서 친사회적 행동을 잘 못하게 된다고 합니다.[10) 11)]

수면교육이란 계획을 세워서 침착하고 일관되게 밀고 나가야 하는 것이므로 때로 성가시고 지칩니다. 많은 분들이 수면교육을 하기 힘들면 우선 편하기 위해 문제를 덮어버리면서 크면 다 좋아진다고 자위합니다. 아닙니다. 아기들의 수면문제가 초등학생까지도 이어지면서 정서, 인지, 주의력, 사회성에 영향을 미칠 수 있다는 것이 전문가들의 한결같은 경고임을 잊지 않아야 합니다.

6 ——— 우리아기도 잠이 부족할까요?

수면문제를 보이는 아기들은 생각보다 많습니다.
미국수면재단의 조사자료(National sleep foundation's sleep time duration recommendation, 2015)를 보면, 무려 70%의 아이들이 수면문제를 가지고 있으며 부모의 76%가 아이의 수면습관을 바꾸고 싶어 한다고 합니다. 또 모든 연령에서 권장 수면시간보다 90분 이상 적게 자고 있지만 부모는 아이가 충분히 잔다고 믿고 있다고 하지요. 물론 잠이 부족했을 때 문제점에 대해서도 잘 인식하지 못하고 있고요.

우리나라는 많은 사람들이 늦게 잠자리에 들고 오래도록 아기와 함께 자는 등 수면 방해 요소가 더 많으므로 수면문제를 가진 아기들의 수가 미국보다 훨씬 더 많을 것이라 예측합니다.

사실은 아기가 보이는 증상이 수면문제인 것을 아예 모르는 분들이 아주 많습니다. 아기들은 졸릴수록 더 흥분해서 방방거리는 일이 많기 때문에 졸리지 않은 상태라고 착각하기도 하고, 또 너무

졸려서 투정을 부리는 상태인 잠투정을 정상적인
발달과정이라고 오해하기도 합니다.

BEARS 질문을 이용하면 보다 쉽게 아기의 수면문제를 찾아낼
수 있습니다. (참조 : A clinical Guide to Pediatric Sleep)

B bedtime problem
재우기가 어려운가요?
- 재우는데 시간이 너무 많이 걸리거나 잠투정이 아주 심한 것도
  같은 문제로 봅니다.

E Excessive daytime sleepiness
낮 동안 지나치게 졸려 하나요?
- 차만 태우면 곧바로 자는 것은 전반적으로 잠이 부족하기 때문
  입니다.

A Awakening during night
밤에 자다가 자주 깨나요?
- 수면습관이 잘못 되었거나 지나치게 피곤해도 자주 깰 수 있습
  니다.

R Regularity and duration of sleep
잠은 규칙적으로 자고 일어나며 수면시간도 일정한가요?
- 일과가 규칙적이지 않으면 수면의 질이 좋지 않을 가능성이 높
  습니다.

S Snoring
**밤에 코를 골고 자거나 잘 때 숨소리가 거친가요? 잘 때 입을 벌리고 자지는
않나요?**
- 코골이나 수면무호흡은 바로 조치가 필요한 큰 수면문제입니다.

어떤가요? 우리 아기도 수면에 문제가 있었던 것을 그동안 놓치고 있었다는 생각이 혹시 드시나요? 걱정할 필요 없습니다. 부모가 인지하지 못했던 문제라면 그리 큰 문제는 아닐 것이며 세상에 수면교육이 되지 않을 만큼 늦은 때는 없습니다.

이제부터 설명할 수면교육의 대원칙을 찬찬히 읽어보면서 꾸준하게 잘 따라해보면 많은 문제를 스스로 스르륵 풀어낼 수 있을지도 모릅니다.

7 ——————— 수면교육 대원칙 6가지

앞선 글에서 누누이 강조했지만 아기들의 행동은 학습의 결과이므로 수면교육을 제대로만 하면 못 자는 아기들은 거의 없습니다. 지금부터는 아기에게 좋은 수면습관을 만들 때 꼭 기억해야 할 핵심개념을 적어보겠습니다.

1. 재우는 시간과 깨어 있는 시간을 규칙적으로 지킵니다

아기가 잘 자라려면 잘 때는 푹 자고 대신 깨어 있는 시간 동안에는 충분히 각성되어 있어야 합니다. 충분한 각성상태에 놓여 있을 때 아기는 자신의 잠재력을 모두 발휘하며 학습을 할 수 있고 대신 각성이 줄어들면 깨어 있는 동안 학습한 것을 기억에 새기고 피곤한 몸을 회복시키기 위해 잠을 자는 것입니다. 잘 때 푹 자고 깨어 있을 때 충분한 각성상태가 되게 하려면 수면과 각성 리듬이 확실히 분리되어야 합니다.

어른이나 아기나 일과가 규칙적이어야 생체시계가 잘 작동하면서 수면과 각성 리듬이 잘 분리됩니다. 다만 어른은 잠자리에 드는 시간과 기상시간만 정확하게 지키면 되지만 아기는 낮잠까지 규칙적으로 재워야 합니다. 낮잠을 세 번 자는 아기라면 세 번의 낮잠 모두 항상 비슷한 시간에 재워야 하는 것입니다. 낮잠 시간이 너무 짧으면 피곤이 잘 풀리지 않아 다음 낮잠까지 충분한 각성을 유지하지 못하므로 때로는 낮잠을 길게 자도록 도와줄 필요가 있습니다.

사실 아기를 기르는 동안은 양육자도 수면과 각성을 제대로 분리해 생활하기가 어려우므로 아기를 규칙적으로 재우지 않는 수가 허다합니다. 그러면 아기는 계속해서 자다 깨다 할 수밖에요. 만약 아기가 낮잠을 푹 자지 못하고 밤에도 자꾸 깬다면 가장 먼저 확인해야 하는 것은 일과의 규칙성입니다.

일과 시간표 정하기

수면상담을 할 때 초보 부모들이 가장 원하는 것 중 하나가 아기의 일과 시간표를 짜달라는 것입니다. 일과의 규칙성을 정하는 것이 중요하다는 것은 알고 있지만 아기를 재우고 깨우는 타이밍 잡기가 만만치 않기 때문으로 생각합니다. 시간표가 정해지면 노력해야 할 목표점이 분명해져서 수면교육을 좀 더 쉽게 받아들이기도 합니다. 또 이 시간표의 틀을 지키려고 하면서 수면문제를 스스로 해결해가는 분들이 많은 것도 사실입니다.

양육자 스스로 시간표를 만들어볼 수도 있습니다. 며칠 아기의 일과를 잘 관찰하면서 기록해보면 가장 적절한 기상시간과 취침시간, 낮잠시간을 어느 정도는 정할 수 있게 됩니다. 일단 시간을 정했으면 다음부터는 이에 크게 벗어나지 않게 생활을 규칙적으로 유지해보는 것입니다.

아기를 시간표대로 키우지 말라고 하는 전문가들이 있어서 초보 양육자들이 몹시 혼란스러워하는데 이는 아기의 생체리듬을 무시하고 엄마가 원하는 대로 시간표를 만들어 키우지 말라는 의미입니다. 아기가 원하면 대낮까지 자도 내버려두고 안 자려고 하면 자정이 넘어도 그냥 두라는 말이 절대 아닙니다. 아기의 일과가 규칙적이 되면 수면과 각성이 분명해져서 아기도 훨씬 안정감을 느끼고, 일과가 예측가능해지면 엄마도 휴식시간을 갖기가 훨씬 용이해집니다.

수유간격 정하기

수유간격도 규칙적으로 정해야 할까요?

아기의 필요에 민감하게 반응하는 것이 바람직한 양육이므로 인위적으로 수유간격을 조절하는 것은 좋지 않다는 주장이 있습니다. 일리있는 주장이지만 이는 대체로 신생아시기에 해당하는 말입니다. 신생아기 이후에는 정상적으로 수유간격이 늘어나는 것을 방해하는 양육이 오히려 많습니다. 초보 부모들은 배고파서 우는 것과 놀아달라고 우는 것을 잘 구분하지 못해서 젖을 미리 물리는 실수를 많이 합니다. 또 아기의 성장을 더디게 느끼는 양육자들은 일부러 자주 먹이는 실수를 범하기도 합니다. 두 달 무렵이 되면 낮에 3시간 간격으로 젖을 찾고 밤에는 5시간까지도 젖을 먹지 않고 자는 것이 아기들의 평균적인 발달입니다. 이후로는 대략 한 달에 1시간씩 수유간격이 늘어나서 백일이 지나면 낮 수유간격은 4시간이 되고 밤에는 7시간까지 안 먹고 잘 수 있게 되며, 6개월이 넘어 이유식을 먹이면 밤중 수유 중단이 드디어 가능해집니다. 이런 평균적인 발달을 따라가기 어려운 분이 있다면 의도적으로 시간표를 정하고 이에 맞춰보려고 노력할 필요도 있습니다.

2. 불필요한 수면습관(수면연관)을 만들지 않습니다

엄마가 안아야만 잠이 든다거나 젖꼭지를 물어야만 잠이 드는 습관이 있다면 아기가 엄마 품이나 젖꼭지를 수면연관으로 삼고 있기 때문입니다. 이런 **수면연관은 의도하지 않았더라도 분명히 양육자가 가르친 결과**입니다. 한 번 수면연관이 만들어지면 같은 수면연관이 없이는 쉽게 잠들지 못하게 되고 밤에 깰 때마다 같은 수면연관을 제공해야만 다시 재울 수가 있게 되는데 아기들은 수면주기 때문에 밤에 수시로 깨는 것이 당연해서 엄마는 밤새 깊은 잠을 잘 수가 없게 됩니다.

불필요한 수면연관을 만들지 않으려면 **졸리지만 완전히 잠에 빠지지 않은 상태로 잠자리에 눕히는 연습**을 반복해서 해야 합니다. 이런 연습은 대략 생후 6주에는 시작하는 것이 좋고 잘 안 되더라도 반복해서 연습해야 합니다.

또한 젖을 물고자는 습관을 들이지 않기 위해서는 재우기 위해 젖을 물리는 습관을 아예 만들지 않는 것이 현명하므로, 항상 자고 일어나면 먹이고 놀다가 피곤해지면 눕혀서 잠이 들도록 합니다. (먹-놀-잠)

통잠에 도움이 되는 수면연관 vs. 방해가 되는 수면연관

다만 모든 수면연관이 다 나쁜 것은 아닙니다. 양육자를 힘들게 하지는 않으면서 아기의 통잠에는 오히려 도움이 되는 수면연관도 있습니다. 좋지 않은 수면연관의 대표적인 예가 엄마 품이나 젖꼭지라면 특정 베개나 이불, 인형은 아주 좋은 수면연관이 될 수 있습니다. 쉽게 진정하지 못하거나 빨기 욕구가 너무 큰 아기들은 노리개 젖꼭지도 잘만 사용하면 재우는데 도움이 되는 좋은 수면연관일 수 있습니다.

3. 잠과 잠 사이에 너무 길게 깨어 있지 않도록 합니다

졸리지 않을 때 재우는 것도 어렵지만 지나치게 피곤할 때도 각성도가 오히려 높아져서 재우기가 힘들어집니다. 월령에 따라 깨어 있을 수 있는 시간이 달라지므로 월령에 따른 권장치를 참고해가면서 잠 사이 깨어 있는 시간이 너무 짧거나 길지 않도록 주의합니다. (이 책의 2장부터 매 챕터 시작부분에 있는 그림을 참고하세요)

재울 타이밍 잡기

아기를 가장 쉽게 재울 타이밍을 알았다면 수면교육은 거의 성공한 것입니다. 아기를 재우는 타이밍을 잡는 것은 마치 파도타기 선수가 파도에 올라탈 타이밍을 잡는 것과도 같습니다. 너무 빨라도 졸리지 않으니 재우기가 힘들지만 너무 늦으면 스트레스 호르몬이 분비되어 오히려 각성을 조장하므로 재우기가 또 어려워지거든요. 우선 아기들의 잠과 잠 사이 권장 간격을 찾아보세요. (이 책의 2장부터 매 챕터 시작부분에 있는 그림을 참고하세요) 잠 사이 간격은 발달에 따라서도 조금씩 달라지지만 기상부터 낮잠 1까지 간격, 낮잠 1과 2 사이, 낮잠 2와 3 사이의 간격, 마지막 낮잠과 밤잠 사이의 간격도 각각 조금씩 다릅니다. 권장시간을 확인했다면 이제 아기의 일과를 여러 날 기록해봅니다. 아기마다 조금씩 차이가 있으므로 기록은 상세할수록 좋습니다. 몇 시에 어떤 방법으로 재웠더니 얼마나 시간이 걸렸는지를 여러 날에 걸쳐 비교해보면 어떤 때가 재우기 좋은 타이밍인지 보다 쉽게 알아낼 수 있습니다.

4. 저녁에 일찍 잠자리에 들도록 합니다

저녁 6시가 넘어가면 수면호르몬 분비가 시작되고 각성호르몬은 줄어들게 되므로 밤이 늦을수록 몸이 피곤해집니다. 피곤이 몰려오는데도 잠자리에 들지 않으면 우리 몸에서는 피곤을 물리치기 위해 각성호르몬과 흥분 호르몬인 교감신경계 호르몬이 분비되므로 쉽게 잠들기 어려울 수 있습니다.

이렇게 너무 피곤한 상태로 잠이 들면 밤잠 중 깼을 때 다시 잠들지 못하는 일이 생길 수 있습니다. 아이들은 스스로 다시 잠들 수 있는 힘이 부족하기 때문입니다. 그래서 늦게 잘수록 더 자주 깨고 더 일찍 일어나는 일이 생기는 것입니다. 세계적인 수면 전문가들은 한결같이 저녁 7시를 재우는 시간으로 추천하고 있으며 늦더라도 8시에는 재우는 것이 아기의 생리적 리듬에 더 잘 맞는다고 말합니다. 퇴근하는 아빠 엄마를 기다리느라 늦게 재우는 것은 아빠 엄마 올 때까지 밥을 굶으라는 것과 진배없습니다. 바쁜 양육자라면 평소에는 일찍 재우고 대신 쉬는 날 집중적으로 놀아주는 것이 훨씬 현명합니다.

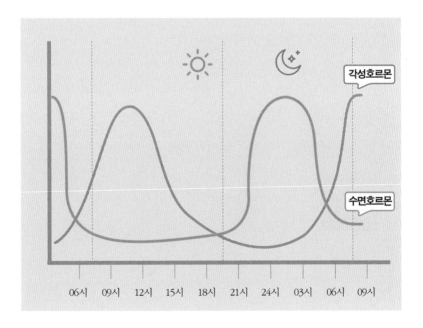

5. 수면의식(bedtime routine)을 반드시 지킵니다

잘 자려면 마음이 충분히 진정되고 몸도 적당히 이완되어야 합니다. 아기들은 잠자리에 들기 전에 이런 진정과 이완을 위한 준비 과정을 꼭 해주는 것이 재우는데 훨씬 유리합니다. 마치 의식을 치르듯이 매일 같은 행동을 같은 순서로 반복해주어 습관이 되게 하면 점차 잠자리 전 준비과정을 시작하자마자 최면에 걸리듯 졸리게 되거든요.

잠옷 갈아입히기, 동화책 읽어주기, 몸에 보습제를 찬찬히 바르거나 마사지 해주기, 방안의 물건들에게 잘 자라고 인사하기, 함께 기도하기 등이 좋은 수면의식의 예입니다.

수면의식(bedtime routine)은 아기가 자랄수록 그 중요성이 커집니다. 돌이 가까워지면 아기들이 어떻게든 안 자려고 버티는 일이 많아지는데, 수면의식이 습관이 되어 있는 아기는 그렇지 않은 아기와 이때부터 확연한 차이를 보입니다.

수면의식은 2개월에는 습관화하기 시작해서 4개월에는 정착이 되도록 합니다. 수면의식 지속 시간은 너무 짧으면 필요한 진정과 이완을 기대하기 어렵고 너무 길면 아기가 놀이처럼 인식해서 오히려 각성되어버리기도 하므로 어릴 때는 10~15분, 좀 더 자라면 약 30분 정도가 좋습니다. 가능하다면 낮잠 재울 때도 짧게 수면의식을 하는 것을 권장합니다.

6. 아기에게 해도 되는 것과 안 되는 것의 한계를 분명히 정해 줍니다

아기가 자라서 잔꾀를 내기 시작하면 수면교육은 이제 훈육의 영역이 됩니다. 아기들은 어떻게든 잠을 자지 않으려고 하므로 아기에게 잠자리에서 해도 되는 행동과 하면 안 되는 행동의 한계를 명확히 알려주고 일관되게 지켜야 합니다 그래야 잠을 자지 않고 버티려는 고집을 부리지 않습니다. 한 번 한계를 무너뜨리면 아기는 점차 다양한 방법으로 엄마 아빠를 조종하며 잠자리를 벗어나려고 하고 아기의 잔꾀를 이겨내는 것은 생각보다 훨씬 힘듭니다.

훈육태도와 아기수면은 아주 밀접한 관련이 있습니다

사실 아기들의 수면습관은 부모의 양육행동에 의해 만들어지기 때문에 대부분 수면문제가 실은 양육 방법에서 기인한다고 해도 과언은 아닙니다. 저뿐만 아니라 많은 아기수면전문가들이 한결 같이 이렇게 말하지만 이 말을 꺼낼 때마다 제 마음이 편하지만은 않습니다. 양육행동 실수가 실은 잘하려는 마음 때문에 시작된 것을 잘 알고 있기 때문입니다. 또 시간이 지나면서는 스스로를 조절할 수 없을 만큼 몸과 마음이 지쳐버린 탓에 알아도 고칠 수 없었다는 것도 너무 잘 알고 있기에 더욱 안타까운 마음이 큽니다.

아기를 키우면서 겪는 많은 혼란의 원인은 그냥 두어도 되는 것과 바로 고쳐주어야 하는 것을 잘 구분하기 어려워서입니다. 특히 발달에 따라 달라지는 수면패턴과 시기별로 달라지는 수면문제에 대해서는 올바른 정보를 얻을 수 있는 통로가 아직 많지 않아서 어려움이 더욱 많은 것도 사실일 것입니다.

아직 돌이 되기 전 아기들의 수면문제는 별다른 질환이 없는 한 발달에 따른 아기수면의 특성을 이해한 뒤 간단한 몇 가지 팁만 익혀서 노력하면 부모 스스로도 문제를 해결해나갈 수 있습니다. 관건은 자신감과 꾸준함이죠.

하지만 돌 이후까지 지속되는 수면문제나 돌 무렵에 새롭게 시작하는 수면문제는 조금 다른 접근이 필요합니다. 지능이 발달하고 자아가 커진 아기들이 양육자를 헛갈리게 하는 교묘한 잔꾀를 부리거나 양육자의 방어선을 허무는 귀여운 기술을 부리는가 하면 때로는 부모를 자기 통제 하에 두기 위해 자못 치열한 기 싸움을 걸어오거든요. 따라서 돌 이후 수면문제는 이제 단순히 수면습관의 문제가 아니라 부모와의 관계나 훈육방법이 함께 얽힌 좀 더 복잡한 문제입니다. 지금부터는 한계를 분명하게 정한 뒤 아이가 확실하게 이해할 수 있도록 분명한 메시지를 일관되게 전달해야 합니다. 그리고 문제를 오래 끌면서 천천히 해결하려고 하기 보다 단시간에 해결하려는 자세가 오히려 필요합니다. 훈육의 기술은 이것이 전부입니다.

8 ———— 다양한 이름의 수면교육 방법

‘수면교육’이 무엇이라고 알고 있나요?

아직도 수면교육을 '잠들 때까지 내처 울리는 것'이라고 이해하고 계신 분이 있다면, 아닙니다. 수면교육에는 다양한 방법이 있고 수면교육 안에는 울리기보다 훨씬 중요하고 합리적인 내용들이 많이 들어 있습니다. 사실 '울려 재우기'로 알려진 방법도 자세히 들여다보면 안 울고 잘 잘 수 있는 방법을 알려주기 위해 지금은 울어도 조금 기다려보는 것 정도로 이해하는 게 옳습니다.

아기들의 모든 행동은 학습에 의해 체득되므로 행동수정방법을 통해 바람직하지 못한 행동을 바람직한 행동으로 끊임없이 변화시켜 나가는 것이 바로 훈육입니다. **바람직하지 못한 행동을 없애는 가장 좋은 방법은 무관심이고, 바람직한 행동을 강화하는 방법은 칭찬과 격려입니다.**

수면행동도 마찬가지입니다. 안아서 재워달라고 우는 행동을 소거하기 위해서는 울음에 무관심해야 하는데 이것이 소위 '울려재우기'로 가장 널리 알려진 '소거법'입니다. 또 '퍼버법'도 '울려재우기'라고 할 수 있는 방법인데 소거법과 조금 다른 점이라면 무관심할 시간을 미리 정한 뒤 계획적으로 이 시간을 늘려가는 것입니다.

소거법이나 퍼버법을 할 때 가장 흔한 실수는 수면교육의 핵심 원칙, 즉 규칙적인 시간에 재우기, 졸리는 시간 잘 파악해서 재우기, 수면의식 등을 철저하게 하지 않으면서 그저 울음에 무관심하기만 확실하게 지키면 된다고 생각하는 것입니다. 기본적인 원칙을 제대로 지키지 않으면서 울리기만 하는 것은 수면교육이라기보다 방치에 가깝고 물론 성공도 하기 힘듭니다. 두 번째 실패 원인은 양육자가 일관성을 잃는 것입니다. 어떤 때는 아기 뜻대로 하고 어떤 때는 엄마계획대로 한다면 점점 저항이 거세질 뿐 절대로 성공하지 못합니다. 불안이 많고 너무 지쳐 있는 양육자들은 단 며칠이라도 일관성을 유지하지 못하므로 양육자의 심신이 먼저 건강해야 하는 것도 수면교육에서 중요합니다. 수면교육 방법 중에 가장 효과적이라고 알려진 것이 소거법과 퍼버법이지만 자신이 없이 시작해서 일관되게 진행하지 못할 것 같으면 소거법과 퍼버법은 차라리 아니함만 훨씬 못합니다.

수면교육 방법 중에는 '안눕법'이라고 알려진 방법도 있습니다. 이 방법은 눕혔다가 울면 바로 안아주고 울음이 그치면 다시 내려놓기를 반복하는 것입니다. 대부분의 양육자들은 이 방법을 가장 편하게 받아들입니다. 하지만 이 방법에는 몇 가지 함정이 있습니다. 첫째는 여러 날을 밤마다 열 번이고 스무 번이고 똑같이 안았다 눕혔다를 반복하려면 보통의 체력으로는 안 됩니다. 제가 경험한 바로 대부분의 부모들이 '안눕법'으로 시작하지만 체력적으로 견디지 못하고 결국 '소거법'으로 넘어가곤 합니다. 두 번째 한계는 아기들이 자랄수록 달래려고 안아주면 잠이 오히려 깨버려서 다시 놀자고 듭니다. 결국 다시 잠들기까지 시간이 많이 걸리는 것을 깨달으면 대부분의 부모들이 안눕법을 포기합니다.

'쉬닥법'도 역시 재미있는 네이밍인데 잠들 때까지 귀에 쉬~ 소리를 들려주거나 가슴을 토닥거려주는 방법입니다. 이런 방법은 아기가 아주 어릴 때 잘 통하는 방법입니다.

줄임말 좋아하는 분들이 붙여놓은 이름 '깨재법'은 아기가 항상 같은 시간에 깨는 경우 미리 깨웠다 재워보는 방법입니다. 역시 성공이 어려운 것이 미리 깨우려면 엄마나 아빠도 한밤중에 미리 일어나야 하므로 별로 권장할 만한 방법은 아닙니다. 다만 아기에게 혼란각성이나 야경증이 있어서 깼을 때 너무 과도하게 운다면 시도해볼 수 있습니다.

많은 분들이 어떤 수면교육 방법을 택할 것인지 결정하는데 매우 많은 에너지를 소비하지만 결국 중요한 것은 수면교육 방법이 아니라 수면교육의 원칙입니다.

수면교육 방법을 알려고 고민하기 전에 수면교육의 원칙을 공부하는데 훨씬 많은 시간을 투자하는 것이 현명합니다.

2장

0~2개월 (60일)

산모의 건강
아기의 안전

0-2 months ~ 생후 8주

• 산모의 심신 건강 • 아기의 안전

낮잠 횟수 4~5회

수면

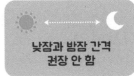

낮잠과 밤잠 간격
권장 안 함

총 낮잠시간 : 5~6시간

통잠시간 (밤잠) : 4~5시간

밤잠시간 : 9~12시간

총 수면시간 : 14~17시간

총 분유 수유량 700~900ml

낮 수유텀
2시간30분~3시간

수유

총 수유 횟수 8~9회
(밤중 수유 2~3회)

회당 모유수유 시간 : 30~40분

자료 출처: 아기잠연구소

1 ———— 아기만큼 산모도 챙기세요

꼬박 열 달, 긴 설렘과 기다림 끝에 얻은 소중한 아기. 많은 육아서를 읽으며 공부하고 준비했어도 실전육아는 예상을 완전히 벗어납니다. 산후조리원에서의 생활은 어언 꿈이 되고 집으로 돌아오자마자 하루하루가 당황과 피곤함의 연속입니다. 지금은 아기가 낯선 환경에 적응하려고 애쓰듯이 부모도 아기를 알아가며 아기에게 맞춰갈 때입니다.

산후 2~3주까지는 대부분 큰 어려움이 없습니다. 먹고 싶어 하면 먹이고 기저귀가 젖으면 바꿔주며 하루 이틀에 한 번 목욕만 시켜주면 비교적 잘 잡니다.

그러나 3주 무렵부터는 졸리면 짜증을 부리고 잘 달래지지 않아서 재우기가 어려운 상황이 늘어납니다. 아기도 어떻게 해야 잠이 드는지 잘 몰라서 힘들어하고 있으므로 당황하거나 불안한 마음을 누르고 배고픔이나 기저귀 상태를 잘 살펴서 불편함을 최소화시켜주면서 여러 가지 달래는 방법을 시도해봅니다. 태어난 지 한

달 여가 지났고 젖을 빠는데 어려움 없이 잘 먹는다면 노리개 젖꼭지를 물려서 달래는 것도 괜찮습니다. 아직은 수면교육을 생각할 때가 아닙니다. 그보다 아기를 잘 달래는 방법을 익혀야 합니다.

지금 가장 중요한 것은 아기보다 오히려 산모입니다. 보채는 아기를 달래면서 스트레스는 커져만 가는데 외부와 단절된 채로 하루 24시간 아기 곁에 있어야 하는 산모가 자기 시간을 조금이라도 가질 수 있도록 방법을 반드시 마련해야 합니다. 우울함이나 화, 슬픔이 계속해서 잘 조절되지 않는다면 산후우울증일 수 있으므로 더욱 적극적으로 주변의 도움을 받아야 하고 증세가 심하다면 속히 전문가를 찾아 치료를 받는 것이 좋습니다.

한 달이 지나 6주 무렵이 되면 아기가 이제 밤에는 조금 더 길게 잘 수 있습니다. **지금부터가 눕혀 재우기 연습을 할 때입니다.** 순하게 잘 먹고 잘 자는 아기라면 4주부터 눕혀 재우기를 시도해도 가능합니다. 졸려하는 것 같으면 충분히 달랜 뒤 거의 잠이 들 무렵 눕힙니다. 눕히기만 하면 깬다면 아직은 완전히 재운 뒤 눕혀도 괜찮습니다. 잠든 뒤에 눕히더라도 누워서 자는 시간을 가지도록 하는 데에만 일단 초점을 맞추면서 잠자는 시간이 부족해지지지 않도록 해줍니다.

아직은 수면호르몬과 각성호르몬 분비가 제대로 되지 않아서 낮과 밤을 구분하지 못할 수 있습니다. 수면호르몬은 2개월쯤 되어야 분비가 활발해지고 각성호르몬은 3개월이 되어야 제대로 분비가 됩니다. 아기가 주로 낮에 자고 밤에 깨어 있다면 낮은 낮으로 알고 밤은 밤으로 알 수 있도록 낮에는 어둡거나 너무 조용하지 않도록 하고 대신 밤에는 확실히 어둡고 조용하게 해주세요. 낮에 2시간 반 이상 너무 길게 자면 깨워서라도 먹여야 하고요.

아기가 너무 어리고 모유수유를 한다고 해서 이 과정을 모두 엄마 혼자 해야 하는 것은 아닙니다. 육아 분담은 선택이 아닌 필수이며 서로 가능한 부분에 대해 부부가 잘 이야기를 나누어보면 조율이 가능합니다. 육아분담 방식 조율에 어려움이 있다면 자기가 할 수 있는 일과 힘든 일, 상대방에게 바라는 일을 각자 적은 뒤 서로 바꾸어 읽어보는 것도 좋습니다. 예를 들어 엄마가 젖을 먹이고 나면 아빠가 아기를 받아서 달래서 재우는 방식의 분업 육아는 정말 권장하고 싶습니다. 이런 육아분담 방식에 가족 모두가 익숙해지면 우선 아기에게 젖을 물고 잠을 자려고 하는 나쁜 수면습관이 생길 가능성이 훨씬 적어집니다. 또 아빠도 엄마처럼 아기 기르는 행복을 듬뿍 느낄 수 있으며 이렇게 아빠가 아기 달래는 일에 익숙해지면 부부 공동 육아가 자연스럽게 정착됩니다. **아기 아빠들에게도 자꾸 기회를 주어야 합니다.** 아빠가 육아에 서투른 것은 기회를 충분히 가지지 못했기 때문일 뿐입니다. 무엇보다 아기 아빠가 육아를 분담하면 지친 아기 엄마에게 잠시나마 쉬는 시간을 줄 수 있습니다. 지금은 산모 정신건강의 위기가 시작되는 때임을 잊지 않아야 합니다.

2 —————————— 0~2개월(60일) 아기

아기를 잘 달래는 것도 기술이라서 달래는 사람이 누구 인가에 따라 아기가 좀 더 쉽게 달래지기도 하고 더 쉽게 잠이 들기도 합니다. 초보 부모라면 아기 달래기를 여러 가지 방법으로 연습해보면서 아기에게 잘 통하는 방법을 찾아보는 것도 좋습니다.

아기들은 꼭 안아주거나 몸을 감싸줄 때 좀 더 안정감을 느끼므로 많이 보채면 우선 느슨한 속싸개로 아기를 감싸서 안아봅니다. 아기를 안을 때는 옆으로 안는 것보다 똑바로 세워서 가슴을 맞닿게 안으면 더 편해합니다. 아기를 안았으면 이제 마구 흔들거나 걸어다니지 말고 차분히 앉아 있어 보세요. 아기를 심하게 흔들면 자극이 심해서 아기가 오히려 불안해하기도 하려니와 출렁거림 때문에 먹은 것을 게워낼 수도 있으니까요.

아기가 진정되면 완전히 잠들기 전에 내려놓아봅니다. 만약 품에서 잠이 들었다 해도 계속 안고 있지 않고 살포시 내려놓도록 합니다. 눕히는 동작이 급하면 모로반사로 바로 깰 가능성이 있기 때문에 엄마 가슴에 최대한 밀착시킨 채로 아기를 내려놓아야 하며 잠시 옆으로 눕혀서 토닥거린 후 바로 눕힐 수도 있습니다.

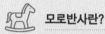

모로반사란?

신생아의 정상 반사운동 중 하나입니다. 큰 소리, 갑작스러운 움직임 등 놀랄 만한 일이 있을 때 아기가 팔을 벌렸다가 무엇을 껴안듯 다시 움츠리는 행동을 말합니다. 4개월까지는 정상적인 반사로 볼 수 있으며, 5개월 이상 지속되면 발달 이상을 확인하는 것이 좋습니다.

신생아 코막힘

아기가 코가 막혀서 젖 먹기를 힘들어하거나 잠들기 어려워하면 많은 양육자들이 어쩔 줄을 몰라합니다. 신생아들은 콧구멍의 크기에 비해 분비물이 많기 때문에 감기에 걸리지 않아도 코막힘이 생기는 일이 흔합니다. 어떤 분들은 마른 면봉을 집어넣어 코딱지 제거를 시도하기도 하는데 이는 아기의 약한 코 점막에 상처를 낼 수도 있는 위험한 방법입니다. 대신 깨끗한 면봉에 식염수를 푹 적셔서 가볍게 자주 닦아주거나 위생적으로 제조된 식염수 스프레이를 코 속에 자주 뿌려주면 코막힘이 덜해지면서 보다 수월하게 잠을 잘 수 있습니다.

영아산통 (colic)

낮에 엄마랑 눈도 잘 마주치고 먹기도 잘하던 아기가 밤에 갑자기 악을 쓰고 울면서 잘 달래지도 않는다면 걱정이 이만저만이 아닐 것입니다. 어디가 크게 아픈가 싶어 응급실로 달려가는데 가는 차안에서 아기가 울음을 멈추고 쌔근쌔근 잔다면 또 얼마나 당황스러울까요. 신체에 별 문제가 없는 아기가 하루에 3시간 가까이 달래기 힘들 정도로 심하게 울고 이런 증상이 일주일에 3일 이상 나타나며 3주 이상 지속될 때 영아산통이라고 말합니다. 영아산통은 초보 부모들을 가장 괴롭히는 증상 중 하나로 생후 2~3주 경에 시작되어 8주차에 피크에 이르렀다가 4~6개월이 되면 저절로 좋아집니다.

얼마나 많은 아기들이 산통 증상을 보일까요? 기존의 연구 자료에서는 대략 9~20%의 아기들이 산통을 겪는다고 했지만, 우리나라의 가장 최근 연구 자료를 보면 무려 36.1%의 아기들이 산통을 겪고 미숙아나 저출생 체중아에서 더 흔하게 발생한다고 보고하고 있습니다.[12] 원인은 아직 명확히 밝혀지지 않았지만 유당분해효소가 불충분한 아기들의 배에 가스가 많이 차면서 산통이 일어나는 것을 원인으로 보는 의견이 가장 많습니다. 증상이 너무 심하거나 점점 심해지는 경우에는 소아청소년과 전문의와 상의해보는 것도 좋습니다.

아기가 영아산통으로 울 때는 어떻게 해도 잘 달래지지 않습니다. 오히려 달래려고 하는 행동이 자극이 되어 더 심하게 울 수도 있습니다. 영아산통이 확실하다면 어둡고 조용하게 해서 자극을 최소화한 뒤 아기가 스스로 울음을 그치도록 그대로 기다리는 편이 가장 현명합니다. 매우 어렵지만요.

아기가 산통을 앓는 시기에 가장 신경을 써야 하는 것은 오히려 아기로 인해 스트레스를 심하게 받는 산모의 불안한 마음입니다. 아기가 잘 달래지지 않을 때는 할 수 있다면 차라리 아기를 다른 사람에게 맡기고 잠시 곁을 떠나 있다가 돌아오는 것이 낫습니다. 울만큼 울면 아기는 스스로 잠이 들므로 엄마가 돌아올 때쯤이면 아기는 이미 잠에 빠져 있을지도 모르거든요.

산통이 있는 아기를 달래느라고 진땀을 뺐던 양육자일수록 아기에게 산통이 사라지고 나서도 아기의 울음이 두려워 수면교육을 아예 시도조차 못하게 됩니다. 아기 수면습관이 나빠지면 산통기간 보다 더욱 길게 고통을 받게 되므로 담담한 마음을 유지하는데 정말 최선을 다해야 합니다.

산통증상이 있을 때 아기 모습

• 얼굴이 새빨개지며, 두 다리를 배 쪽으로 모으고 날카롭게 운다.
• 배가 빵빵해진다.
• 두 팔을 가슴으로 모으며, 온갖 인상을 쓰며 울기도 한다.
• 제풀에 지쳐서 쓰러져 잠이 든다.

영아산통을 줄이는 방법

- 수유 자세를 잘 잡아서 공기를 삼키지 않도록 합니다.
- 수유 이후나 중간에 트림을 시켜 공기를 잘 빼내도록 합니다.
- 도무지 울음을 그치지 않으면 분위기 전환을 위해 방 밖으로 데리고 나가봅니다.
- 가스가 배출되도록 복부 마사지를 해줍니다.
- 속싸개 등으로 편안함을 느낄 수 있게 감싸줍니다.
- 백색 소음이 도움이 되는 수도 있습니다.
- 유당이 적은 기능성 분유를 먹이거나, 공기가 적게 들어가는 젖병으로 교체해볼 수 있습니다.
- 아기를 안고 마구 흔들거나 심하게 돌아다니지 않도록 주의합니다.

신생아 역류

수유 후 자주 게우거나 눕혔을 때 괴로운 듯 운다면 신생아 역류일 수 있습니다. 신생아 역류란 먹은 것이 위에서 식도로 거꾸로 역류하는 것을 말합니다. 생후 1개월 즈음부터 증상이 나타나기 시작해서 점차 심해지다가 돌까지 증상이 지속되는 아기도 있지만 대개는 백일 무렵에 호전됩니다.

생후 2개월간은 아주 많은 아기들이 별다른 괴로운 증상 없이도 하루에 몇 차례씩 먹은 것을 밖으로 게워내므로 게워낸다고 모두 역류는 아닙니다. 그러나 만약 눕힐 때마다 매우 괴로운 것처럼 몸을 뒤로 젖히며 운다면 역류를 생각해야 하는데 실제로 입 밖으로 게워내지는 않아도 식도에서 역류 현상이 있어서 괴로워하는 아기도 있습니다. 역류가 있으면 조금씩 자주 수유를 해야 증상이 덜하므로 수유간격 늘리기를 서두르면 곤란합니다. 하지만 안아서 재워달라고 우는 것과 역류로 인해 우는 것은 잘 구분해야 수면문제가 생기지 않으니 주의가 필요해요.

도저히 구분하기 어려우면 전문가를 찾아 의논하는 것이 현명합니다.

이럴 때는 전문의 진찰이 필요합니다

- 아기가 게우는 정도가 아니라 심하게 토하는 경우
- 토한 것에 피가 섞이거나 토물의 색이 연두색, 검붉은 색인 경우
- 아기가 처지는 경우
- 아기 성장 속도가 늦은 경우

토할 때 응급처치 방법

- 아기의 고개를 옆으로 돌려주어서 토물이 기도로 넘어가지 않게 합니다.
- 토물이 기도에 걸려 숨을 잘 못 쉬면 아기를 거꾸로 들고 쓸어올리듯 등을 두드려서 토물이 배출되게 합니다.

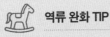 **역류 완화 TIP**

- 먹인 뒤 바로 눕히면 증상이 심해지므로, 먹이면서 잠들지 않도록 주의합니다.
- 수유 후에는 반드시 트림을 시킵니다. 수유하면서 잠들었다고 해도 세워 안아 트림을 시키고, 트림을 안 하면 10분 이상 안고 있으면서 트림을 재시도합니다. 게움이 심한 아기는 더 오래 안고 있는 것이 좋습니다. 아이 등을 세게 두드리는 것보다는, 가볍게 두드리거나 문지르거나 쓸어 올리는 것이 더 좋습니다. 달래기 위해 아기를 많이 흔들면 역류가 심해지므로 주의합니다.
- 수유 자세를 체크합니다. 모유를 먹일 때는 젖꼭지를 유륜까지 깊숙이 물리고, 분유를 먹일 때도 꼭지를 깊숙이 물리며 우유병 각도를 잘 조절해줍니다.
- 수유 중간 트림을 시도합니다.
  먹이는 중간에 트림을 시키고 다시 먹이는 것도 좋은 방법입니다.
- 효과에 대한 논란의 여지는 있지만 재울 때, 아기의 상체를 좀 높여주면 도움이 되기도 합니다. 상체를 일으킨 자세는 역류 가능성이 줄기도 하지만 자다가 토했을 때 기도로 넘어갈 위험이 줄어듭니다.
- 수유 전에 기저귀를 느슨하게 하는 것도 도움이 될 수 있습니다.

영아돌연사 증후군

아기를 엎드려 재우면 팔 다리의 움직임이 잠을 방해하는 일이 줄어들어서 더 안정감을 느끼고 잠도 더 잘 수 있을지 모릅니다. 뒤통수가 눌리지 않아 머리 모양이 예뻐질 수도 있습니다. **그래도**

아기를 엎드려 재우면 절대로 안 됩니다.

아기가 어릴 때는 총 수면시간 중 활동성 수면(렘수면)시간의 비율이 훨씬 높은데 렘수면 동안은 근 긴장도가 떨어지고 심장과 호흡이 불규칙하므로 위험상황에 처했을 때 호흡을 하지 못하게 될 위험이 큽니다. 어린 아기를 엎드려 재우는 것은 영유아돌연사 가능성을 높이는 위험천만한 일입니다.

 영아돌연사 증후군 예방법

- 너무 두껍거나 푹신한 침구 사용하지 않기
- 부모와 같은 이부자리에서 재우지 않기
- 엎드려 재우지 않기
- 지나치게 덥게 재우지 않기
- 속싸개를 너무 꽉 쪼이게 하지 않기
- 흡연자와 흡연 장소에 가까이 두지 않기
- 가능하면 모유수유하기

터미타임

재우는 것은 엎드려 하면 안 되지만 깨어 있을 때는 수시로 엎드려 놓고 움직이도록 도와줍니다. 배를 대고 있는 자세로 노는 시간을 터미타임이라고 합니다. 엎드린 자세는 등근육 발달을 돕고 자는 동안 눌렸던 머리 모양 회복에도 좋습니다. 기분 좋을 때 따로 터미타임을 해주는 것도 좋지만 기저귀를 갈 때마다 잠깐씩 엎드려서 놀도록 하면 크게 신경쓰지 않고도 자주 해줄 수 있을 것입니다. 다만 먹인 직후라면 배가 눌려서 토할 수 있으니 조심하도록 합니다. 터미타임은 신생아 때부터도 가능한데 아직 힘이 너무 없을 때는 엄마 무릎에 엎어 놓은 채 등을 쓸어주며 말을 걸어주고 노래를 불러주면 좋습니다.

0~2개월 시기에 필요한 일

1. 이부자리 분리

너무 작고 약한 아기를 혼자 두기는 불안해서 잘 때도 아기 바로 곁에서 자야 할 것 같은 생각이 들 수 있습니다. 하지만 좋지 않은 생각입니다. 아직 아기를 다른 방에 재우지는 않더라도 아기 잠자리는 어른과 반드시 분리해주어야 합니다. 특히 이부자리를 같이 쓰는 것은 자칫 아기 얼굴을 덮을 수 있어서 아주 위험한 일입니다. 또 엄마가 매우 예민해진 상태이므로 아기의 사소한 움직임에도 잠이 깰 수 있을 뿐 아니라 조금 오래 뒤척인다 싶으면 필요 없는 반응을 보여서 좋지 않은 수면습관을 유발할 수도 있습니다. 아기도 마찬가지로 엄마의 뒤척이는 소리에 잠이 깰 수 있고요. 방을 분리하는 것은 돌 무렵을 권장하지만 아기를 집에 데리고 온 순간부터 이부자리는 분리해야 합니다.

2. 수유간격 만들기

신생아 시기에는 아기 위의 크기가 아주 작아서 아기가 먹고 싶어 할 때마다 자주 먹여야만 성장에 지장이 생기지 않습니다. 잠에 취해 너무 오래 안 먹으면 깨워서라도 먹여야 하지요. 하지만 자라면서 자연스럽게 한 번에 먹을 수 있는 양이 늘어나기 시작하는데 이때 많은 초보 양육자들이 하는 실수가 배가 고파서 우는 울음과 피곤하거나 몸이 불편해서 우는 울음을 구분하지 못해서 울 때마다 무조건 젖을 물리는 일입니다. 이런 실수는 한 번에 더 길게 잘 수 있는 소중한 기회를 잃게 만듭니다.

길게 자려면 자주 배가 고프지 않아야 하고, 자주 배가 고프지 않게 해주려면 한 번에 푹 먹을 수 있어야 하며, 먹을 때 충분히 먹으려면 성장에 지장을 주지 않을 정도의 수유간격이 유지되어야 합니다. 우리가 아침을 늦게 먹었을 때 점심을 조금밖에 못 먹는 것과 마찬가지죠. 울음과 짜증을 멈추게 하는 수단으로 젖을 물리는 방법을 택하면 조금씩 자주 먹게 되므로 배가 자주 고파서 그만큼 길게 자지 못하게 됩니다.

평균적인 성장과 발달을 하는 경우에 **생후 2개월에 접어들면 한 번에 먹는 양이 제법 늘어서 수유간격도 상당히 일정해집니다.** 아기가 어느 때 먹고 싶어 하는지를 잘 관찰해서 아기에 맞는 수유간격을 파악해보세요. 그리고 가능하면 파악한 수유간격에 맞추어서 수유를 하려고 노력해보세요. 만약 이전 수유를 충분히 했음에도 정한 수유 시간이 채 되기 전에 보챈다면 배고픔보다 다른 이유를 먼저 생각해야 합니다. 또 만삭으로 태어나 체중이 잘 증가하고 있는 2개월 아기가 너무 자주 젖을 찾는 것처럼 보인다면 배고픔보다 빨고 싶은 욕구 때문일 수 있으므로 노리개 젖꼭지를 물려보거나 잘 달 래주어서 시간을 벌어보는 것이 좋습니다. **2개월에 접어들었을 때 적 절한 수유간격은 2시간 반~3시간입니다.**

3. 아기 일과 기록하기

언제 먹일지 언제 재울지 도무지 모르겠나요? 그렇다면 일단 아 기의 일과를 잘 적어보세요. 기록은 세세할수록 좋습니다. 아기가 자랄수록 수면문제를 예방하기 위해서나 해결하려고 할 때 기록 이 크게 도움이 됩니다. 발달기록을 영상과 사진으로 남겨주는 것 만 아기에게 선물이 되는 것이 아닙니다. 기록으로 아기에게 좋은 습관을 만들어주는 것보다 아기에게 더 큰 선물은 없습니다.

3 ——————— 무엇이든 물어보세요

Q 우리 아기는 먹이면 바로 잠이 들어요. 수면교육 책을 살펴보면, 먹-놀-잠 패턴을 아주 강조하던데 도대체 먹-놀-잠은 어떻게 만드는 걸까요?

A 아주 어린 아기들은 자주 먹고 자주 자는 데다 엄마가 안고 젖을 먹이면 편안해져서 수유하면서 잠드는 경우가 많을 것입니다. 이때에는 먹고 놀고 자고 하는 패턴을 억지로 맞추려고 애쓰기보다 항상 먹고 잠들지는 않게 하겠다고 생각하세요. 만약 먹으면서 잠이 들면 꼭 트림을 시킨 후 다시 재우도록 합니다.

우리 아기는 눕히기만 하면 울어서 수면교육은 엄두도 못 내겠어요.

A 엄마 품에 푹 안겨 있으면 안정감이 더 커지기 때문에 아기들은 엄마 품에 있는 것을 좋아해요. 하지만 엄마 아빠에게도 휴식이 필요할 뿐 아니라 자라면서 몸이 커지면 아기도 그런 자세로는 푹 자기가 힘들기 때문에 품에서 재우는 습관을 아예 만들지 않는 것이 좋아요. 수면교육은 꾸준한 연습만이 정답이에요. 아직은 쉽게 되지 않기 때문에 졸리지만 완전히 잠들지 않은 상태에서 내려놓고 스스로 잠들게 하는 연습을 자꾸 시키세요. 처음에는 힘들어해도 포기하지 않고 자꾸 연습시키면 어느 틈에 스스로 잠드는 방법을 알게 됩니다. 신체 움직임 때문에 자꾸 깬다면 느슨한 속싸개를 해서 재우는 것도 좋아요.

Q 수면교육이 중요하다고 들었는데 언제, 무엇부터 하면 좋을까요?

A 수면교육이란 아기에게 스스로 자고 푹 잘 수 있는 수면습관을 만들어주는 것을 말합니다. 자주 먹여야 하는 어린 아기 때는 수면교육이 어려워서 보통 생후 6~8주에 시작하기를 권합니다. 하지만 크게 태어나서 일찍부터 한 번에 충분한

양을 먹는 아기라면 생후 4주 정도에도 시작할 수도 있어요. 가장 먼저 할 수면교육은 찔끔찔끔 자주 먹지 않도록 수유 간격을 늘려가는 것과 졸리지만 아직 완전히 잠들지 않은 상태로 바닥에 눕혀서 스스로 잠들게 하는 것입니다. 그렇게 할 수 있으려면 재우기 위해 먹이는 것이 아니라 자고 일어나면 모유나 분유를 먹이도록 하루 일과 순서를 계획하는 것이 유리합니다. 즉, 먹고-놀고-자는 식으로 하루 일과를 진행합니다.

Q 6주된 아기인데 밤낮이 바뀌었어요. 낮에는 내내 자다가 밤만 되면 눈을 말똥말똥하게 뜨고 있어요. 저도 어쩔 수 없이 아기 생활 패턴에 맞춰 생활하다 보니 너무 피곤하고 힘듭니다. 어떻게 하면 아기의 밤낮을 다시 바꿀 수 있을까요?

A 생후 6주의 아기라면, 아직 수면호르몬이나 각성호르몬이 왕성하지 않아 낮과 밤을 명확히 구별하지 못하고 있을 가능성이 높으므로 낮과 밤에 대한 차이를 의도적으로 뚜렷하게 만들어주는 것이 효과적인 솔루션이 될 수 있습니다.

• 아침에는 온 집안을 환하게 만듭니다. 활기찬 음악을 틀어주는 것도 아기에게 깨어있는 시간임을 알리는 신호를 줄 수 있습니다.
• 밤이 되면 집을 조용하고 어둡게 해주고, 자극적인 활동은 삼가

하는 것이 좋습니다. 밤중 수유를 하거나 밤에 기저귀를 갈 때도 최소한의 불빛을 사용하여, 아기에게 자극이 되지 않도록 합니다.

- 낮잠을 너무 오래 재우지 않습니다. 곤히 자는 아기를 깨우는 일이 쉽지는 않겠지만, 낮잠을 3시간 이상 계속 자고 있다면 얼굴을 닦아주거나, 발바닥을 조심스레 누르거나, 기저귀를 갈아주거나 수유를 해서 아기가 자연스럽게 깨우도록 합니다.

- 낮 동안 지나친 자극 주의: 밤에 잘 재우고 싶은 마음에 낮에 너무 과한 활동을 하거나 긴 외출로 낮잠을 깊게 못 자게 하면 스트레스 호르몬 분비가 많아지면서 오히려 아기는 밤잠을 더 못 자게 될 가능성이 높습니다.

- 아기의 잠자리를 편안하게 해주고 밤에 재우기 전에 차분히 수유를 하거나 조용히 자장가를 불러주는 등 아기가 잘 진정할 수 있도록 해줍니다.

3장

2~3개월(61~90일)

눕혀 재우기 연습
수유간격
수면의식

2-3 months 생후 61~90일

• 눕혀 재우기 연습 • 수유간격 • 수면의식

낮잠 횟수 4회

수면

낮잠과 밤잠 간격
1시간 30분~2시간

총 낮잠시간 : 4~5시간

통잠시간 (밤잠) : 5~7시간

밤잠시간 : 9~12시간

총 수면시간 : 14~17시간

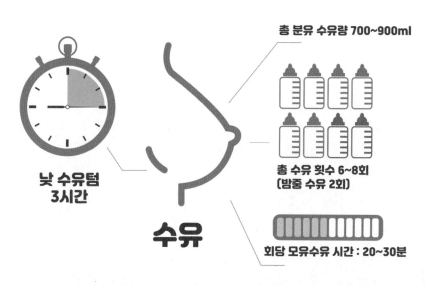

총 분유 수유량 700~900ml

총 수유 횟수 6~8회
(밤중 수유 2회)

낮 수유텀
3시간

수유

회당 모유수유 시간 : 20~30분

자료 출처: 아기잠연구소

1 ——— 본격적으로 눕혀 재우세요

✦ 하루가 다르게 체중이 늘고 눈만 마주치면 웃으며 옹알
이를 하는 너무 예쁜 시기입니다. 점차 낮과 밤을 구분해
서 밤에 길게 자고 낮에는 상대적으로 덜 자게 됩니다. 밤중 수유는
대부분 아기들이 두 번 하지만 낮 수유간격이 짧다면 세 번까지 먹
기도 하고 성장과 발달이 빠르다면 벌써 밤중 수유가 한 번으로 줄
었을 것입니다. 아직 낮잠은 잘 자기가 좀 힘들어서 이 시기 양육자
들이 가장 힘들어하는 것이 낮잠을 잘 재우는 일입니다. 하지만 순
한 아기라면 낮잠 횟수가 4회로 일정해집니다.

이제 본격적으로 수면교육을 연습해봅시다.

첫째, 6주 무렵부터 시작했던 눕혀 재우기를 본격적으로 연습하세요. 하
지만 아직은 밤잠 재울 때만 시도하는 것이 현명합니다. 밤잠은 제
법 길어졌지만 아직 낮잠은 잘 자기가 어려우므로, 무리하다가 낮
잠을 충분히 못 자 짜증이 나면 밤잠까지 재우기 어려워질 수 있
기 때문입니다. 대신 낮에는 너무 길게 깨어있지 않도록 주의하세

요. 지금은 1시간 남짓 깨어 있었으면 다음 잠을 재우기 위해 달래기에 들어가야 하는데 까다로운 아기일수록 시간을 길게 잡고 달랜 뒤 눕혀야 하고 순한 아기는 잠깐 안았다가 눕혀도 됩니다. 밤잠 눕혀 재우기도 잘 안 되면 그 날은 포기하고 일단 푹 재운 뒤 하루 이틀 지나 다시 시도해봅니다. 그 날은 안 되었지만 며칠 지나서 시도하면 아기도 며칠 더 자랐고 엄마도 한 번 경험이 생겼으므로 성공 가능성이 한층 높아지니까요. 영아산통을 앓는 아기들은 눕혀 재우기가 몹시 힘들지만 안아서 달래는 것도 쉽지 않기 때문에 차라리 눕혀놓고 백색소음을 틀어놓은 뒤 아기 곁에서 조금 떨어져서 울음을 견디는 것이 여러모로 현명할지 모릅니다.

둘째, 수유간격을 일정하게 유지하면서 조금씩 늘려봅니다.

Pinilla T 박사의 연구를 보면 만삭으로 태어난 모유수유 아기를 대상으로 수유간격을 계획적으로 조금씩 늘려주었더니 생후 8주가 되었을 때 모두가 밤에 5시간 이상 안 깨고 잘 수 있게 되었다고 했습니다. 반면 수유간격 조절에 특별히 신경을 쓰지 않았던 아기들은 23%만이 밤에 5시간 안 깨고 자기를 달성했다는 거죠.[13] 《Twelve Hours' Sleep by Twelve Weeks Old》의 저자이자, 영유아 컨설턴트계의 선구자인 Suzy Giordano는 자신이 고안한 수유간격 조절 방법으로 수천 명의 아기를 단 한 명도 실패 없이 밤새 통잠을 재웠다고 적고 있는데, 다소 무리라는 생각이 없지는 않지만 어쨌건 Suzy 수면교육의 핵심 역시 '수유간격 조절'에 있습니다. 만 2개월이 넘어 3개월로 접어들 때 **낮 수유간격의 목표는 3시간입니다.**

수유간격이란 직전 수유 시작시간부터 다음 수유 시작시간까지의 간격을 말합니다. 예를 들어, 오전 8시에 1차 수유를 시작해서 8시 30분경에 끝났고, 다음 수유 시작시간이 11시라면 수유간격은 3시간입니다. 다만 식도 역류가 있는 아기라면 한 번에 많이 먹였을 때 증상이 오히려 악화될 수 있으므로 수유간격을 무리하게 늘리기보다 일정한 수유간격만 유지해주세요.

셋째, 재우기 전에 항상 하는 행동을 정해서 일관되게 지킵니다.

이런 **수면의식**은 자랄수록 아기를 수월하게 재우는 큰 버팀목이 됩니다. 아직 아기가 어리므로 시간은 길지 않아도 좋습니다. 다만 비슷한 시간에 동일하게 하기만 하면 잘 시간이라는 사인을 주는데 충분합니다. 씻기고 난 뒤 느슨한 속싸개로 몸을 감싸준 뒤 조용하고 어둑한 방으로 들어가서 안고 자장가를 불러주거나 음악을 들려주는데 의식을 마치기 전에 잠이 들어도 괜찮습니다. 수면의식 시간은 그저 재우기 위한 필사적인 수단이라기보다 심신을 이완시키며 아기와 양육자 간 친밀감을 높일 수 있는 애착의 시간입니다. 아기 아빠가 수면의식을 하는 것도 아기와 유대감을 쌓는데 매우 도움이 됩니다.

넷째, 수유하다가 바로 잠들어버리지 않도록 노력합니다.

이 시기에는 밤잠 전 마지막 수유 시 특히 먹으면서 잠드는 경우가 자주 생길 수 있는데, 매번 그런 게 아니라면 크게 걱정하지 않아도 괜찮습니다. 다만, 이것만은 주의합니다.

- 제대로 먹지 않고 잠들어버리는 경우 (충분하지 못한 수유)
- 트림을 제대로 하지 않고 잠드는 경우 (자다가 게울 수 있어요)
- 눕히지 못하고 계속 안고 있는 경우 (트림을 시킨 후에는 되도록 눕혀주세요)

다섯째, 아기들은 자기 움직임에 자기가 놀라서 잠에서 깨는 일이 많습니다. 특히 지금은 모로반사가 아주 활발한 시기이므로 지나친 몸의 움직임이 잠을 방해한다면 몸을 잘 감싸서 움직임을 줄여주는 것이 도움이 됩니다. 다만 다리를 너무 꼭 싸면 고관절에 문제가 생길 수 있으므로 주의합니다.

백색소음

백색소음이란 여러 주파수 영역에 걸쳐 있으면서 청각을 자극하지 않을 정도의 부드러운 소리를 말합니다. 백색소음은 거슬리는 주변 소음을 덮어주기 때문에 갑작스러운 소리 때문에 잠에서 깨는 일을 예방하는데 도움이 될 수 있습니다. 멀리서 들리는 진공청소기 소리나 사무실의 공기정화장치 같은 기계음도 백색소음이 될 수 있고 파도소리, 빗소리, 낙숫물소리 등 자연의 소리도 백색소음에 포함됩니다.

백색소음이 수면연관이 되면 아기가 어릴 때는 재우는데 많이 도움이 될 수 있습니다. 특히 영아산통이 있는 아기에게는 백색소음이 진정에 도움이 될 수 있습니다.

3개월 미만의 아기들은 양수 안에서 들었던 소음의 강도와 비슷한 진공청소기, 헤어드라이어 소리에 안정을 느끼는 수가 많다고 합니다. 아기가 자지러지게 운다면 잠깐 동안 진공청소기나 헤어드라이어 소리의 음량을 좀 높여보는 것도 좋습니다. 하지만 월령이 높아질수록 강도가 높은 소리의 백색소음은 오히려 자극이 되고 자연의 소리가 재우는데 더 효율적입니다.

소리의 크기

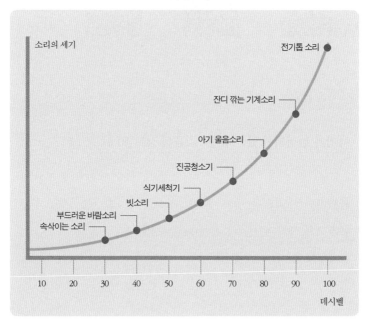

아기가 자지러지게 울 때 : 소음의 강도 : 80~90db

- 큰 '쉬' 소리
- 헤어드라이어나 진공청소기, 전자레인지, 식기세척기 같은 가
  전제품 소리
- 수도꼭지에서 물 흐르는 소리
- 이런 강도의 소음은 아기가 진정될 때까지만 사용하고, 진정이
  된 이후에는 약하게 볼륨을 낮춰보세요.

헤어드라이어 소리

진공청소기 소리

수돗물 소리

아기가 진정되어 있는 상황 : 소음의 강도 50db

- 작은 '쉬' 소리
- 달리는 자동차 안 소음
- 빗물 떨어지는 소리나 심장박동 소리
- 자장가 소리

2 ——— 2~3개월(61~90일) 수면교육

수면교육의 핵심이자 아기가 우는 원인을 파악하기 위한 아주 중요한 단서는 일과를 기록하는 것입니다. 수유 간격이나 재울 타이밍도 며칠 동안의 일과를 기록해서 한눈에 비교해보면 좀 더 쉽게 파악할 수 있습니다. 종이에 적거나 스마트폰 앱을 이용하거나 어떤 것이건 본인에게 익숙한 방식을 이용해서 기록하면 됩니다. 낮에 깨어 있는 시간이 점차 늘어나고, 밤에 4시간 이상 깨지 않고 이어 잔다면, 아기는 이제 낮과 밤을 잘 구분하고 있는 것입니다.

수유간격 늘리기

지금까지는 시도 때도 없이 먹고 자고 울고 하는 아기에게 양육자가 맞추었다면 이제부터는 좀 더 주도적으로 아기를 리드하여 수유간격을 늘려주어도 괜찮습니다. 아기 체중증가 속도가 좋고 충분히 잘 먹는다면 안심하고 수유간격을 늘려봅니다.

현재 아기의 수유간격을 잘 파악해보고 너무 무리한 정도가 아니라면 3시간을 수유간격 목표로 정한 뒤 첫 수유를 기점으로 3시간 단위의 수유간격 일과를 만듭니다. 다만 밤잠 들기 전 마지막 수유는 앞 수유와 3시간 간격이 되지 않는다 해도 먹여서 재워야 바로 깨는 일을 방지할 수 있습니다.

3시간 간격 수유 plan의 예

- 수유 1: 오전 7시
- 수유 2: 오전 10시
- 수유 3: 오후 1시
- 수유 4: 오후 4시
- 수유 5: 오후 7시
- 밤잠 전 마지막 수유: 오후 8시

아직 역류가 있거나, 낮 섭취량이 충분하지 않을 경우 수유간격을 억지로 늘리면 오히려 역효과가 있을 수 있으니, 천천히 여유로운 마음으로 진행하세요.

수유간격을 효과적으로 늘리는 Tip

재미있게 놀아주거나 다른 환경에 노출시키면 잠시 시간을 벌 수 있습니다.

1. 바운서를 태우거나 액티비티 매트에서 놀리기
2. 촉감 책, 인형으로 이야기하며 놀아주기
3. 온도 차이가 나는 다른 공간으로 잠시 나가기
4. 현관 밖으로 나가서 새로운 풍경 보여주기

* 배고픈 상황에서 공갈젖꼭지를 물리는 것은 신뢰에 영향을 줄 수도 있고 수유량이 줄 수도 있기 때문에 주의합니다.

밤중 수유 횟수, 시간 파악하기

밤중 수유 시간은 낮 수유 시간처럼 시간을 정해서 주기보다 아기가 원하는 때에 맞추어서 주어도 됩니다. 다만 너무 배가 많이 고플 때까지 기다리기보다 배가 고프기 시작할 때 바로 주는 편이 다시 재우기가 수월합니다. 만약 아기가 깨는 시간이 비교적 일정하다면 배가 고파서 깨기 전에 미리 수유를 하는 것도 권장할 만하고 아예 깨기 전에 빨기 반사를 이용한 꿈나라 수유로 하는 것도 좋습니다. 칭얼거리기 시작한 다음에 수유를 시작했더라도 불빛과 자극을 최소화하면서 수유를 해야 아기의 잠을 자연스레 연장할 수 있습니다.

아기가 왜 우는지 이유 알아차리기

초보 부모는 아기의 울음이 정말 당황스러워서 어떻게든 달래서 울음을 그치게 하려고 합니다. 하지만 울음은 아기의 거의 유일한 의사소통 수단이므로 무조건 달래려고 하기보다 울음을 통해 아기가 보내는 신호를 알아내려고 해보세요. 아기의 울음이 모두 '배고프다'는 신호는 아니라는 사실을 명심하면서 울음의 이유를 파악하려고 노력하다 보면 점차 아이가 보내는 신호를 짐작할 수 있게 됩니다. 다만 갑자기 울음이 커지거나 긴 시간 울음을 멈추지 않는다면 정말 아픈 것은 아닌지 전문의의 진료를 받아보세요.

아기가 울면 이런 것을 체크해보세요

- 불편함: 기저귀를 언제 갈아줬는지 확인
- 배고픔: 수유시간 체크 / 모유수유라면 수유량이 충분한지도 확인
- 지루함: 같은 자세로 계속 있었는지 확인
- 피곤함: 1시간 가까이 깨어 있었는지 확인
- 과자극: 다양한 사람들과 외부 활동이나 자극이 있었는지 확인
- 복통: 다리를 가슴으로 끌어당기는지 확인
- 식도 역류: 수유 후 자주 게우거나 먹은 뒤 이유 없이 계속 우는지 확인
- 온도/습도: 방이 너무 춥거나 덥거나 (22~23도 습도 50~60% 적당), 옷을 너무 껴입고 있는지

공갈젖꼭지 물려주기

공갈젖꼭지를 물리면 쉽게 진정되는 아기들이 많습니다. 사용하면 안 되는 특별한 이유가 있는 경우를 제외하면 공갈젖꼭지는 어린 아기를 진정시키거나 잘 재울 수 있는 좋은 도구가 되어줍니다.

❖ 특히 이런 아기는 공갈젖꼭지가 도움이 많이 됩니다

- 체중 증가가 아주 좋은데도 너무 자주 먹으려고 하거나 권장량을 초과해서 너무 많이 먹는 아기
- 수유를 충분히 했는데도 계속 쩝쩝대면서 무언가를 빨고 싶어 하는 아기
- 울음이 강하고 스스로 진정이 잘 안 되는 아기

❖ 이런 아기는 공갈젖꼭지를 사용하지 않습니다

- 모유수유가 완전히 정착되지 않은 생후 4주 미만 모유수유 아기
- 잘 먹지 않거나 성장이 더딘 아기
- 체중 증가가 더딘 아기
- 공갈젖꼭지가 빠지면 바로 깨는 아기
- 중이염이 있는 아기

낮잠 재우기

이 시기 아기들의 한 수면주기는 겨우 30~40분 정도입니다. 한 수면주기가 끝나서 잠이 얕아지면 아예 잠이 깨버릴 가능성이 높습니다. 아기가 깨기 전에 옆에 대기하고 있다가 깰 기미가 보이자마자 바로 다시 재우는 미리 개입 방법이 낮잠 연장에 도움이 많이 됩니다. 낮잠을 잘 자야 짜증이 적어서 밤잠도 잘 자므로 낮잠연장을 위해 열심히 노력하도록 합니다.

낮잠 재우기 TIP

- 낮잠은 환경에 영향을 받는 경우가 많으므로 낮잠을 재울 때도 암막 커튼을 사용해서 어둡게 해주고 밤에 하는 수면의식을 약식으로 해주는 것도 좋습니다.
- 수면의식은 처음부터 누워서 하고, 낮잠 5분, 밤잠 5~10분 정도면 적당합니다.
- 뒤척임이 시작될 때, 미리 자세를 살짝 옆으로 하여 토닥이거나 목소리로 달래보세요.
- 움직이기 시작하면 공갈젖꼭지를 바로 물려봅니다.
- 가슴을 가볍게 눌러 주고 귓가에서 쉬이 소리를 내며 진정시켜 봅니다.
- 미리 개입을 통해 연장이 안 된다면 잠시 안아서 진정시킨 후 조심스럽게 내려 놓아주세요.
- 자야 할 시간을 지나치면 오히려 재우기 힘들어집니다.

2~3개월 아기의 수면교육 방법

쉬닥법

아기가 쉽게 잠들지 않거나 자다가 깼을 때 다시 재우기 위한 가장 좋은 방법으로 이 시기 아기들에게 가장 추천되는 방법은 '쉬닥법'입니다. 아직 일과 패턴이 만들어지기 전이므로 계획적으로 아기의 울음에 관심을 두지 않는 퍼버법은 이 시기에는 추천하지 않습니다.

쉬닥법은 아기가 울고 짜증을 심하게 낼 때 일단 아기를 침대에 눕힌 뒤 잠이 들 때까지 아기 귀에 대고 쉬이 소리를 내며 토닥토닥 해주는 방법입니다. 또는 아기를 어깨위로 걸쳐 메듯 안아서 등 한가운데를 다독이면서 쉬~ 소리를 들려주다가 잠이 들면 아주 조심히 눕히는 수도 있습니다. 쉬~ 소리는 아기 귀에 직접 바람을 불어넣기보다 귀 옆을 스치고 지나가도록 하며 느리지만 아주 작지는 않게 들려줍니다.

눈 가려주기

낮잠 중 잠에서 깼다면 손으로 눈을 살짝 가려줘 보세요. 시각이 차단되면 다시 잠이 드는 경우가 있습니다.

쌍둥이 수면교육

아기 하나도 힘든데 둘을 키우려면 정말 힘이 들 것입니다. 쌍둥이를 키운다면 특히 일찍부터 수면교육에 신경을 써서 좋은 수면 습관을 조기에 습득시켜야 합니다. 또한 오래 깨어 있다가 피곤해지는 일이 없도록 항상 신경을 써야 그만큼 재우는 고생을 덜 수 있습니다.

다음은 쌍둥이 수면교육에서 주의해야 할 점입니다.

- 6주가 되면 일찍 일어나는 아기에 맞추어 다른 아이도 깨우고 (6~8시 무렵), 일어나면 바로 밝은 빛을 보여주도록 합니다.
- 항상 같은 방법으로 재우는 연습을 하고, 조금 달랜 후 잠들지 않아도 눕히며, 하나나 둘 모두 울어도 내버려두어서 스스로 잠들도록 기다려봅니다.
- 낮잠 재우는 시간 외에는 잠들게 하지 않습니다. (수면과 각성을 확실히 분리)
- 같은 방 다른 침대에 눕히는 것이 원칙입니다. 만약 한 명이 잠을 방해하면 못 자는 아이의 낮잠패턴이 규칙적으로 바뀔 때까지 임시로 떨어뜨려놓습니다.
- 완벽한 방법은 없으므로 타협하며 방향을 찾아가고, 타협을 위해서는 수면일기가 도움이 됩니다.

3 ——————————— 무엇이든 물어보세요

Q 아기가 자면서 움직임이 심해요. 움직이다가 스스로 놀라서 깨고요. 엎드려 재우면 좀 나은데 불안하니 무슨 방법이 없을까요?

A 팔을 감싸주는 느슨한 속싸개나 좁쌀 이불이 팔 움직임을 줄이는데 도움이 되기도 합니다. 속싸개는 좀 느슨하게 해서 압박감을 줄여주는 것이 오히려 낫습니다. 잠에서 완전히 깨기 전 가슴을 지긋이 눌러주는 방법도 도움이 될 수 있어요.

Q 직장으로 복귀하는 엄마입니다. 아직 너무 아기라 마음이 많이 아픕니다. 아기를 위해 어떻게 하는 게 최선일까요?

A 아기를 두고 직장으로 향하는 마음이 몹시 무거울지 모르겠

습니다. 엄마를 대신해서 아기를 돌보는 사람에게 어떻게 아기를 돌보고 재워야 하는지 구체적으로 알려주어 행동을 맞추면 아기가 혼란을 덜 느낍니다. 가능하다면 수면일기를 적도록 부탁해서 전체 상황을 파악하는 것도 좋습니다. 퇴근후에는 아기가 낮잠이 부족해 피곤해하지 않는지 잘 관찰해서 필요한 사항을 베이비시터에게 전달하면 소통에 도움이 되겠고요. 낮에 집을 비워 미안하다는 이유로 아이를 늦게까지 데리고 놀면 재우기 힘들어지므로 조심합니다. 특히 주말동안 아기를 데리고 너무 많은 활동을 하다가 낮잠을 거르거나 시간을 늦추면 점차 아기를 재우기가 힘들어지므로 아직은 아기에게 너무 많은 자극을 주지 않는 것이 좋습니다.

Q 아기가 공갈 젖꼭지를 물면 정말 잘 잠들긴 해요. 그래도 습관이 되면 어떡하죠?

A 공갈 젖꼭지는 아기를 달래거나 재울 때 아주 도움이 될 수있고 잠 재울 때만 사용한다면 습관 걱정은 안 해도 좋습니다. 또 재우기 위한 용도로만 사용하고 만 2세 이전에 끊는다면 치아에 나쁜 영향을 미치지 않는다고 합니다. 다만 돌이지나면 중단하기가 더욱 힘들어지므로 12개월 전후에 사용중단을 권고합니다.

Q 수유간격은 얼마만큼씩 늘려 가면 될까요?

A 한 번에 많이 늘리면 충분히 먹지 못하거나 게워낼 수 있으니 3일에 15분씩 늘려가는 것을 추천합니다. 수유간격을 원활하게 늘리는 방법은 앞 쪽에 적어두었습니다.

Q 마지막 수유 후 잠들어서 7시간이 지났지만 아기가 잘 자고 있다면 깨워서 밤중 수유를 해야 할까요?

A 아기 체중이 순조롭게 늘고 있고 낮 동안에 권장량에 맞게 충분히 먹었다면 굳이 잘 자고 있는 아기를 깨워 수유할 필요는 없습니다.

Q 밤중에도 낮 1회 수유량만큼 주는 것이 좋을까요?

A 아직은 밤중 수유량을 줄여 나갈 시기는 아니기 때문에 아기가 원하는 만큼 충분히 먹이고 재우는 것이 좋습니다. 다만 기상에 가까운 시간, 첫 수유에 가까운 시간의 밤중 수유는 첫 수유 섭취량에 영향을 줄 수 있기 때문에 차차 줄여보는 것이 좋습니다.

4장

3~4개월(91~120일)

규칙적 일과 만들기
수면문제 예방의
결정적 시기

3-4 months 생후 91~120일

• 규칙적 일과 만들기 • 수면문제 예방의 결정적 시기

낮잠 횟수 3~4회
(낮잠변환기)

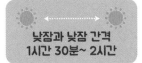

낮잠과 낮잠 간격
1시간 30분~ 2시간

수면

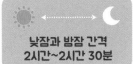

낮잠과 밤잠 간격
2시간~2시간 30분

총 낮잠시간 : 4~4시간 30분

통잠시간 (밤잠) : 7시간

밤잠시간 : 9~12시간

총 수면시간 : 12~16시간

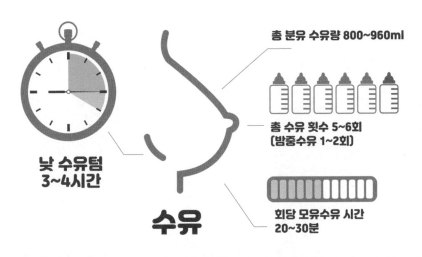

총 분유 수유량 800~960ml

총 수유 횟수 5~6회
(밤중수유 1~2회)

낮 수유텀
3~4시간

수유

회당 모유수유 시간
20~30분

자료 출처: 아기잠연구소

1 수면습관 형성에 아주 중요한 때입니다

이제 수면과 각성에 필요한 호르몬이 잘 분비되므로 대부분의 아기가 낮과 밤을 구분할 수 있어서 낮보다 밤에 훨씬 더 많이 잡니다. 뿐만 아니라 일과도 제법 규칙적이 됩니다. 수면습관을 잘 만들고 수면문제를 예방하려면 이렇게 스스로 수면을 조절하는 능력이 발달하는 때에 어떻게 하는가가 중요합니다. 따라서 **생후 3~4개월을 수면발달의 성패를 결정하는 결정적인 시점이라고도 말합니다.**

한 번에 먹는 양도 꽤 많이 늘어나서, 낮 수유간격이 점차 4시간까지 넓어질 수 있으므로 성장과 발달이 뒤떨어지지 않는 아기가 아직도 2~3시간마다 수유를 하고 있다면 어서 수유간격을 늘려야 합니다. 그래야 밤에 더 푹 잘 수 있게 됩니다. 밤에는 아직 1~2회 정도 깨서 먹으려고 하겠지만 낮 수유간격이 4시간가량 되면, 밤에 7시간 이상 안 먹고 잘 수 있으므로 '100일의 기적'이라는 말이 나오기도 합니다. 잘 먹고 잘 자라는 아기들은 벌써 밤중 수유가 아예 없어지기도 하는데 밤중 수유를 안 하는 아기들은 아침 첫 수유가 대신 좀 빠릅니다.

하지만 양육자를 힘들게 하는 상황도 자주 발생합니다. 낯가림이 시작되어서 낯선 사람을 보면 입을 삐죽거리고 울기 때문에 잠시라도 아기를 다른 사람에게 맡겨둘 수가 없습니다. 수련의 시절에 낳았던 제 큰아이는 주 양육자인 할머니가 곁에 안 계신 주말이면 얼마나 두리번거리며 칭얼거리는지 한동안 정말 혼이 났던 기억이 있습니다. 신체적 발달로는 뒤집기를 시작할 수 있는데 뒤집기는 밤에 자는 동안에도 계속 됩니다. 뒤집을 수는 있지만 아직 되집지는 못하므로 밤에 자다가 뒤집고는 불편해서 잠을 깨는 일이 생깁니다.

수면주기

각성 상태에서 시작해서 얕은 잠, 깊은 잠을 거쳐 다시 얕은 잠까지 오는 것을 수면주기라 하고, 사람은 누구나 자는 동안 여러 번의 수면주기를 거칩니다. 수면주기가 90분인 성인들은 하루 밤에 4~5회의 수면주기를 거치게 되고 어릴수록 수면주기가 짧아서 백일이면 대략 45분. 돌이 되면 50분 정도의 수면주기가 만들어집니다.

수면주기가 바뀔 때는 기억할 수 없지만 사실은 설핏 잠이 깨는데, 성인의 경우 베개를 고쳐 베거나 몸을 뒤척이는 것이 바로 이때입니다. 아기들은 수면주기가 바뀔 때 칭얼거리거나 입을 쩝쩝거리거나 몸을 움직이기도 하고 어떤 아기들은 좀 더 크게 울기도 합니다. 수면습관이 잘못 들면 수면주기가 바뀔 때 다시 잠들기가 매우 힘들어지는데, 만약 아기에게 양육자가 도와줘야만 하는 어떤 수면연관이 생겼다면 수면주기가 바뀔 때마다 같은 방법으로 다시 도와주어야 잠이 들기 때문에 아기도 조각 잠을 자게 되고 양육자도 깊은 잠을 잘 수 없어 매우 힘든 상황에 봉착하고 맙니다.

수면주기를 스스로 쉽게 넘어갈 수 있게 하려면 반드시 누워서 자는 습관이 들도록 해야 하고 밤에 자다가 얼핏 깼을 때도 특별한 일이 없으면 반응하지 말고 기다려서 스스로 다시 잠이 들게 습관을 만들어주어야 합니다.

다만 낮잠 때는 수면 호르몬이 나오지 않고 수면환경도 밤보다는 밝고 소란하므로 수면주기가 바뀔 때 깰 가능성이 아주 높아서 한 수면주기가 끝나기 전에 미리 연장을 도와주면 좋습니다.

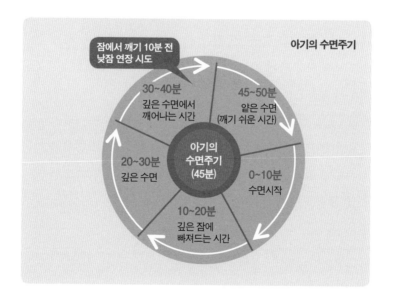

모유수유와 아기 수면의 관계

모유수유를 하는 아기는 분유를 먹고 자라는 아기보다 수면문제가 일어날 확률이 높을까요? 낮을까요?

수면과 각성리듬은 수유패턴과 관계없이 발달하기 때문에 무엇을 먹이는가와 수면의 질은 상관이 없을 것 같지만 실제로는 모유수유를 하는 아기에게서 수면문제가 훨씬 흔합니다.

물론 모유가 좀 더 소화흡수가 빠르기 때문에 수유간격을 넓혀가기가 좀 더 어려운 면이 있습니다. 하지만 그보다 모유수유아에서 수면문제가 더 많이 발생하는 이유는 밤잠 도중 수면주기가 바뀌면서 아기가 잠깐 깨어 움직이거나 보챌 때 양육자가 보이는 반응의 속도 때문입니다. 분유를 먹인다면 분유를 타는 성가심을 피하기 위해서라도 아기가 다시 잠들도록 한동안 기다려보는 반면 젖을 먹이는 엄마는 어서 다시 재우기 위해 서둘러 젖을 물릴 가능성이 아주 높거든요. 몇 번만 이런 일이 반복되면 아기에게 젖을 물고 잠드는 습관이 생겨버립니다. 또 완전모유수유를 하는 엄마들이 아기의 울음에 마음이 더 쉽게 약해지거나 더 단호하지 못한 경향이 있다고 말하는 분들도 있습니다.

요약하자면, 모유수유아에서 수면문제 발생이 더 많아 보이는 것은 수유형태와 관련된 것이 아니라 아기가 자다가 깼을 때 보이는 반응 속도와 더 관련이 있다는 뜻입니다.

꿈나라 수유 : 밤잠 연장의 비법

아직 아기에게 밤중 수유가 필요하지만 하필 아기가 젖을 찾는 시간이 엄마의 귀한 단잠 시간과 겹친다면 정말 힘들 거예요. 그럴 때 고려할 수 있는 방법이 꿈나라 수유(꿈수)입니다. 꿈수는 아기가 배고파 깨어나기 전에 수유를 미리 하면 깨는 시간을 조금 더 뒤로 미룰 수 있다는 생각에서 나온 방법으로, 어떤 수유형태이건 가능하고 마지막 수유 후 시간이 어느 정도 흘렀다면 생각해볼 수 있습니다. 아기의 빨기 반사를 이용하면 아기를 깨우지 않고 수유할 수 있습니다.

꿈수를 하면 오히려 잠에서 깨버리는 아기들이 없는 것은 아니지만 4개월 미만 아기들에게는 대부분 잘 통하는 방법이므로 아기의 밤중 수유 시간이 하필 엄마가 단잠에 빠지는 시간이라면 시도해볼 만합니다.

그러나 꿈나라 수유가 모든 아기들에게 다 해당되는 것은 아닙니다. 만 6개월 이상은 밤중 수유를 중단해야 하는 시기이므로 이 시기 아기가 밤에 자꾸 깨서 수유를 원한다면 꿈나라 수유가 아니라 오히려 밤중 수유 중단방법을 생각해보아야 합니다. 이것을 혼동하면 매우 곤란한 상황에 빠지게 되므로 아주 주의가 필요합니다.

수면교육과 애착

아기의 울음에 반응해주지 않으면 엄마랑 아기 사이에 애착이 깨지므로 수면교육이 해롭다는 오해가 있습니다. 이런 오해의 배경에는 몇 가지 이유가 있습니다.

첫째는 수면교육이 무작정 울리는 것이라는 잘못된 이해에서 오는 생각입니다. 수면교육 방법을 잘 알고 대처하면 그리 많은 울음이 동반되는 것이 아니며 수면교육을 통해 좋은 습관이 만들어지면 재울 때 우는 상황이 아예 만들어지지 않습니다.

둘째, 애착은 잘 때 쌓는 것이 아니라 깨어 있을 때 만들어가는 것입니다. 애착은 매우 중요한 심리적 발달이지만 애착이론이 만들어지던 당시는 수면연구가 거의 이루어지지 않았던 때입니다.

수면 시의 뇌는 애착을 느끼지 않습니다. 애착은 아기가 푹 자고 기분 좋게 일어났을 때 눈을 맞추고 잘 놀아주면서 쌓는 것입니다.

2 ——— 3~4개월(91~120일) 수면교육

이 시기의 아기는 밤에 자는 도중에 잠이 얕아졌다 깊어졌다 하는 주기가 짧아서 설핏 깨는 일이 어른보다 자주 있습니다. **밤잠 중에 깼을 때 반응을 최소화하는 것이 중요합니다.**

　주기가 바뀌는 중에 잠간 깼을 때는 배고픔이나 기저귀가 젖어 있는 등의 신체적 불편함이나 환경적 불편함만 없다면 아기는 다시 스스로 잠이 듭니다. 주기변화 중에 아기는 짧은 울음소리를 내거나 몸을 움직이기도 하는데 이때 다시 재우려고 어떤 반응을 해주면 오히려 아기가 완전히 깨버릴 수 있으므로 재우기 전부터 아기 몸이 아픈 것 같았다거나 배가 고픈 시간이 아니라고 판단이 되면 반응하지 말고 한동안 기다려보세요. 양육자와 아기의 이부자리가 멀리 떨어져 있어야 기다릴 여유가 생깁니다.

　기다려도 아기가 다시 잠들지 않거나 점점 더 잠에서 깬다는 생각이 들면 이때는 비로소 다시 재울 방법을 찾아야 하는데, 바로 안거나 젖을 물리거나 불을 켜기보다 다른 방법을 먼저 찾아보세요. 다음처럼 단계별로 접근해보면 중간에 다시 잠들 수도 있습니다.

- **1단계**: 크게 울지 않고 조금 칭얼대거나 뒤척일 경우, 다시 스스로 잠들 수 있으니 잠시 지켜봅니다. (지켜보는 시간은 아기 기질에 따라 엄마 불안에 따라 다르지만, 다만 너무 급하게 다가가지 않도록만 하세요)
- **2단계**: 공갈젖꼭지를 물립니다. (엄마가 가까이 가지 말고 손만 뻗어 물려봅니다)
- **3단계**: 자세를 바꿔 (예: 옆으로 눕혀) 쉬이 소리를 내면서 토닥여봅니다.
- **4단계**: 차분하고 조용한 목소리로 진정시킵니다.
  (예: "○○야, 엄마 여기 있어~ 괜찮아 지금은 다 자는 시간이야~")
- **5단계**: 울음이 거세지면 잠시 안았다가 진정되면 내려놓아서 다시 스스로 잠들게 합니다.

아기의 일과 패턴 만들기

아기의 일과를 세팅하려면 가족에게 적합한 밤잠 시작시간을 가장 먼저 생각하는 것이 좋습니다. 밤잠 시작시간에 따라 기상과 낮잠 시간은 달라지겠고요. 예를 들어, 아기 엄마나 아빠가 퇴근하는 시간에 맞춰 수면의식을 하고 재운다면 대략 밤 7시 30분에 수면의식을 시작하고 밤 8시 잠 시작을 목표로 정하는 것입니다. 이 시기 아기가 밤에 잘 수 있는 시간은 대략 9~12시간이므로 기상은 아기에 따라 오전 6~8시 사이로 잡으면 적합하겠지요.

아기가 눈을 뜨면 온 집을 환하게 하고 다소 소란하게 하는 등 아침이 시작되었다는 신호를 명확하게 주어야 하루 리듬을 만들어가기가 보다 쉬워집니다.

만약 아직 낮과 밤을 명확히 구별하지 못해서 아기가 너무 늦게 자고 아주 늦게 일어난다면 아침에는 일부러 깨울 필요도 있습니다. 기상시간을 훨씬 지나서까지 자려고 하면 커튼을 활짝 열어 젖힌 뒤 아기를 일으켜서 얼굴을 가볍게 닦아주거나 먹여서 깨우도록 하세요. 대신 밤잠 시작 약 1시간 전부터는 집안 전체의 조도를 낮추고 차분한 놀이로 잠을 유도해서 너무 늦게 잠자리에 들지 않도록 해야 하고요. 잠을 늦게 재울수록 통잠이 더 힘들어질 확률이 높습니다.

낮잠 타이밍을 찾고 적극적으로 연장하기

아직은 낮잠 재우기가 쉬운 일은 아닙니다. 하지만 밤처럼 조용하고 어둡게 해주면서 재우는 타이밍을 잘 맞추면 훨씬 수월하게 재울 수 있습니다.

이 시기 아기들은 평균적으로 낮잠을 4번 자며 길게 깨어 있기 어렵습니다. 깨어 있은 지 1시간만 지나면 다시 재울 준비를 하며 아기가 졸려하는 기미를 살펴보다가 움직임과 옹알이가 줄어들었다 싶으면 달래기를 시작해서 눈을 감으면 바로 눕힙니다.

재울 타이밍을 알기가 너무 힘들다면 며칠 동안 아기 일과를 세세하게 적어봅니다. 언제 어떻게 아기의 행동과 반응이 달라지는지를 적어보면 보다 쉽게 잠드는 시간을 알아낼 수 있습니다. 일단 타이밍을 잡으면 항상 비슷한 시간에 재워야 리듬이 만들어지므로 양육자는 답답해도 낮잠이 안정될 때까지는 외출을 줄이는 것이 좋습니다.

낮잠 타이밍을 알아낸다 해도 조금씩 자주 자면 일과 패턴이 생기지 않으므로 한 번에 길게 잘 수 있도록 해 봅니다. 6개월 이전에는 수면과 각성 리듬이 분명하지 않아서 스스로 낮잠을 길게 자기 어려울 수 있으므로 낮잠 연장을 도와주는 것도 좋습니다.

다음과 같이 해보세요. 어떤 방법이건 깰 기미가 있을 때 바로 하는 것이 훨씬 효과적입니다.

- 아기 가슴에 손을 얹어놓고 기다립니다.
- 배, 가슴, 엉덩이를 가볍게 토닥여줍니다.
- 쉬쉬쉬 소리를 내며 토닥입니다.
- 공갈젖꼭지를 물립니다.
- 자세를 바꿔줍니다.
- 울음이 커지면 잠시 안아서 토닥인 후, 진정이 되면 다시 눕혀 봅니다. 내려놓을 때는 몸을 밀착해서 조심히 내려놓습니다.
- 백색소음을 들려줍니다.

계곡물 소리   파도 소리   새 소리

마지막 단계에서 연장에 성공하지 못하면 그 낮잠은 연장이 안될 가능성이 큽니다. 30분 이상 잤다면 너무 무리해서 연장하려 하기보다 다음 낮잠까지 깨어 있게 하는데 오히려 최선을 다해야 합니다. 다만 다음 낮잠은 조금 당겨 재우도록 합니다.

한 번에 성공하지 못할 수도 있지만 반복하면 아기도 엄마도 경험이 생기면서 곧 낮잠을 훨씬 더 잘 자게 됩니다.

수유간격 연장하기

체중이 잘 늘고 있다면 이제 낮 수유간격을 4시간까지 늘려나가도 좋습니다.

수유간격은 3일 간격으로 15분씩 차차 늘려보는 것이 좋고 아기랑 잘 놀아주면서 기다리면 좀 더 쉽습니다. 아기를 낳기 전에 간접적으로라도 육아를 경험해보지 못한 초보부모들은 놀아주는 방법을 몰라서 그저 달래려고만 하다가 벌써 지쳐버리는데 조금만 생각해보면 아기랑 놀아주는 것은 그리 어려운 일이 아닙니다. 오히려 무척 재미있는 일이지요. 잠깐 바깥 공기를 쏘여주는 것도 좋고, 소리 나는 그림책이나 동요를 들려주는 것, 노래를 불러주는 것, 몸을 가만 가만 주물러주는 것, 터미 타임 등 모두 수유간격을 늘릴 때 좋은 놀이 방법입니다.

3~4개월 아기의 수면교육 방법

안눕법

어린 아기를 위한 수면교육 방법 중 하나로, 아기가 울면 안아 달래고 진정되면 다시 눕혀서 재우는 방법입니다. 3~4개월 정도 어린 아기에게 가장 적합하며 아기가 자랄수록 오히려 잠을 깨울 가능성이 높아지므로 주의가 필요합니다.

〈방법〉

1. 수면 의식이 끝나면, 아기가 잠들지 않은 상태로 침대에 눕히고 잠들기를 기다립니다.
2. 아기가 울면 우선 엄마 목소리로 아기를 달래봅니다.
3. 만약 울음이 그치지 않을 경우 안아 올립니다.
4. 울음이 그치면 아직 잠들지 않았어도 곧바로 내려놓습니다.
   (아기들마다 안아주는 시간은 조금씩 다를 수 있습니다)

월령별 아기를 안아주는 시간

아기를 안고 있는 시간이 길면 오히려 역효과가 날 수도 있습니다.

성장 발달에 따라 아기를 안고 눕히는 시간을 조절해보는 것이 좋습니다. 아기가 자랄수록 안아주는 시간이 오히려 짧아야 합니다.

월령	안아주는 시간
4 개월	4~5 분
6 개월	2~3 분
9 개월	곧바로

(출처: 베이비위스퍼)

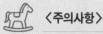 **〈주의사항〉**

- 우는 아기를 바로 안지 말고, 엄마 목소리, 쉬쉬~ 다독임으로 먼저 달래세요. 다시 잠이 들 수 있습니다.
- 안았는데도 등을 휘면서 우는 경우 바로 다시 내려놓습니다. 아기가 스스로 잠을 자보려는 행동일 수도 있습니다.
- 하루에 100번을 안았다 내려놓아야 할 수도 있지만, 계속 일관되게 해야 합니다.
- 중간중간 아기의 컨디션을 확인해 주세요.
- 안눕법은 아기를 지속적으로 안았다 내려놓아야 하기에 체력소모가 많습니다. 부부가 함께 하면 조금 더 쉽습니다.

Q 아기가 낮잠을 한 번에 30~40분씩 토끼잠을 자요. 한 번에 길게 자지 않다 보니 너무 힘든데, 길게 재울 방법이 있을까요?

A 이 시기 아기는 수면주기가 짧아서 한 수면주기가 약 45분입니다. 그래서 잠든 지 40분이 지나 설핏 깰 수 있는데 낮잠은 밤잠보다 잘 자기가 쉽지 않고 아직 스스로 다시 잠드는 방법도 잘 모르기 때문에 이때 깨면 다시 자기 힘들 수 있습니다. 낮잠을 스스로 연장하기가 쉬워지는 6개월 무렵까지는 양육자가 좀 도와주어서라도 낮잠을 길게 자도록 할 필요가 있습니다. 매번 같은 방식으로 연장을 해서 습관이 될까 불안하다면, 잠을 연장하는 방법을 바꿔보는 것도 괜찮습니다. 예를 들어, 첫 번째 낮잠을 연장할 때는 공갈을 물려보고, 두 번째 낮잠 때는 깨기 전 자세를 바꾸는 방법으로 연장을 해보는 거죠.

A 낮잠도 조금만 자고 일어나면 피곤이 충분히 풀리지 않아서 아기 상태가 편안하지 못하게 됩니다. 피곤해지면 자신의 잠 재력을 충분히 발휘해가며 발달을 하기 어렵고 밤잠까지 영향을 미칠 수 있기 때문에 수면주기를 스스로 연장하지 못한다면 양육자가 도와서라도 더 길게 재우는 것이 좋습니다.

★ Power napper도 있어요! 낮잠을 30분 가량 짧게 잔 후에도 좋은 컨디션을 보이는 아기들을 말합니다. 아기가 짧은 낮잠을 자고 일어났는데 컨디션이 좋고 밤잠과 낮잠의 총량이 권장량 내에 있을 경우 크게 걱정할 필요 없습니다.

Q 늦은 오후 낮잠 (낮잠3 또는 낮잠4)은 아기랑 씨름하느라 진이 빠져요. 잠을 잘 안 자려고 하는데 어떻게 하죠?

A 늦은 오후 낮잠이 가장 재우기 힘듭니다. 또 마지막 낮잠은 아기가 성장하면서 차차 없어질 낮잠이지요. 무리해서 길게 재우느라 서로 힘들기보다 좀 쉽게 해준다고 생각하고 유모차에 태우고 산책을 하면서 재우거나 아기띠로 재우는 것이 오히려 낮잠 타이밍을 놓쳐 과자극으로 밤잠조차 힘들어지는 것보다는 낫습니다. 만약 총 낮잠 시간이 너무 길거나 횟수가 많다면 과감하게 마지막 낮잠을 없애고 밤잠 시작시간

을 좀 더 당겨보는 것도 방법이 될 수 있습니다. 총 낮잠 시간을 4시간~4시간 30분으로 맞춰보세요.

Q 이제 울려 재우기 방법을 해도 될까요?

A 예, 아니오 한 가지로 말하기는 어렵습니다. 백일 전에도 양육자가 일관되게 하기만 한다면 안아달라고 울어도 반응하지 않는 소거법을 한 시간 가까이 진행해도 괜찮습니다. 짜증이 많은 아기일수록 소거법 밖에 방법이 없다고 하는 전문가도 있으니까요. 반면 계획적으로 무반응 시간을 늘려가는 퍼버법을 고안한 퍼버 박사는 아직 수면습관이 고착화되지 않은 5개월 이전에 퍼버법을 하는 것은 추천하지 않는다고 말하고 있습니다. 처음에 울려 재우기에 거부감을 가지던 분들도 이제는 너무 힘들어서 울도록 내버려두어서 잘 잘 수만 있다면 시도해보겠다고 생각할 수 있습니다. 하지만 울어도 반응하지 않으려면 반드시 다음의 조건들이 선행되어야 합니다. 무작정 시도했다가는 십중팔구 실패합니다.

• 아기가 아픈 곳이 없이 건강하다.
• 일과의 규칙적 패턴이 확실하다.
• 수면의식을 잘하고 있다.
• 가족 간 수면교육 방법이 합의되었다.
• 주 양육자가 일관되고 단호할 준비가 잘 되어 있다.

Q 밤잠은 몇 시쯤 재워야 할까요?

A 수면 전문가들은 한결같이 일찍 재우기를 권장하며 가장 재우기 쉬운 시간으로 저녁 7시~8시를 추천합니다. 이 시간이 되면 수면 호르몬 분비가 시작될 뿐 아니라 밤 8시 이후가 되면 스트레스 호르몬의 영향으로 오히려 각성도가 높아지므로 재우기가 힘들어집니다. 일찍 재우기만 해도 수면이 좋아지는 아기들이 많이 있습니다. 각 가정마다 상황은 다르겠지만 어떻게든 일찍 재울 방법을 찾아보세요.

Q 밤중 수유가 너무 힘들어요. 이제 밤중 수유를 중단해도 될까요?

A 다음의 3가지 조건이 충족 되었는지 먼저 확인해 보세요.

1. 아기 체중이 정상적으로 늘어나고 있다.
2. 낮에 하루 권장량을 다 채운다.
3. 아기가 밤에는 도저히 안 먹으려고 한다.

위 조건에 맞는다면 중단을 고려할 수 있습니다. 다만 아직은 1회 정도의 밤중 수유는 필요할 수 있으니 너무 조급해하지 말고 다른 아기와 비교하지도 마세요.

밤중 수유를 줄이려고 하는데 어떻게 시작해야 할까요?

A 밤중 수유가 2회 이상이라면 적게 먹는 수유부터 줄이기 시
작합니다.

분유수유라면 며칠간 아기가 밤중에 먹는 양을 정확히 기록
해서 양을 파악한 뒤, 적게 먹는 수유부터 차차 줄여가고 모
유수유라면 수유지속 시간을 줄여갑니다. 분유수유라면 3일
에 20~30ml가량 줄이면 크게 어렵지 않고, 모유수유라면 3
일에 2분씩 줄여가봅니다.

만약 밤중 수유량을 줄였더니 더 자주 깬다면 아직은 밤중
수유를 줄일 때가 아닐 수 있으므로 성급하게 줄여 다른 수
면문제를 만들면 곤란합니다.

하지만 아직 밤중 수유 횟수가 3번 이상이라
면 서둘러 횟수를 줄여야 합니다. 성장과 발
달이 정상인 경우 이제 밤에는 7시간 정도 안
먹고 잘 수 있습니다.

아기의 젖물잠 (젖물고 자는 습관) 습관을 어떻게 고칠 수 있
을까요?

A 매번 재우기 위해 젖을 물리면 젖과 잠 사이 연관이 만들어져 낮잠이나 밤잠이나 재울 때 뿐 아니라 자다가 깼을 때마다 다시 젖을 물려야만 잠을 잘 수 있는 좋지 않은 수면습관이 생기게 됩니다. 먼저 먹고 잠 자는 일과의 순서를 바꿔주세요. 재우기 위해서 먹이는 것이 아니라 아기가 잠에서 깼을 때 충분히 젖을 먼저 먹이고 놀다가 잠들게 하는 '먹-놀-잠' 패턴으로 하는 것입니다.

아직 낮잠은 자주 자기 때문에 먹-놀-잠을 정확하게 하기가 쉽지 않지만 먹으면서 잠들지 않도록 해주세요. 밤잠 시작 시에는 젖을 빨다가 잠이 들었다면 바로 눕히지 말고 발가락이나 귓볼을 만져 살짝 깨워서 충분히 수유한 다음, 트림을 시키면서 잠시라도 깨어 있게 한 후 다시 잠자리에 눕혀 재우세요.

Q 자기 전 집중수유는 어떻게 하는 건가요? 앞 수유와 간격이 너무 가까워서 분유를 50ml밖에 먹지 않는데 그래도 먹여야 할까요?

A 집중수유는 아기가 밤에 배고파 깨는 것을 미연에 방지하기 위해 재우기 전에 좀 더 먹이는 전략적 수유입니다. 이제 밤중 수유를 줄이고 대신 낮 수유를 늘려가야 하므로 밤잠 들기 전에는 적은 양이라도 수유간격과 관계없이 한번 더 보충

해줘보세요. 집중수유를 하면 달래서 재우는 데도 도움이 되고 밤중 수유를 끊는데도 도움이 됩니다.

Q 밤중 수유를 원래 새벽 2시에 하던 아이였는데, 3시까지 안 먹고 버티는 경우가 있어요. 이 경우에는 깨워서 먹여야 하는 걸까요?

A 밤중 수유는 꼭 정해진 시간에 할 필요는 없습니다. 아기가 만약 조금 더 버틸 수 있다면 일부러 깨워 먹일 필요는 없습니다. 새벽 2시에 깨던 아기가 뱃구레가 커져 버티는 시간이 늘어나 새벽 3시경에 먹으려고 깨기 시작했다면 새벽 2시 40분쯤 깨기 직전에 밤중 수유를 해서 잠 연장을 도와줄 수도 있습니다.

Q 초강력 등센서 발동, 아예 눕기를 거부해요. 어떻게 해야 할까요?

A 재울 때만 눕히려 했을까요?
아기들은 누워있는 것 자체도 새로운 활동이므로 익숙해질 충분한 기회를 주어야 합니다. 재울 때만 눕히지 말고 낮 동안에도 바닥에서 생활할 시간을 충분히 주세요. 양육자가 함께 누워서 아기가 좋아하는 인형을 가지고 놀거나 모빌 보여주기, 책 읽어주기, 자전거 타기(배 가스 방출에 도움이 됨), 마사지, 천장 그림자놀이 등 흥미 있는 놀이를 하면 눕는 것에 대한 거부감을 줄여줄 수 있어요.

낮에 기저귀를 갈 때도 "○○야~ 뽀송뽀송하게 기저귀 갈아줄게" 처럼 대화를 하면서 천천히 갈아주세요.

Q 꿈나라 수유 후 꼭 트림을 시켜야 할까요?

A 공기를 덜 마시는 방법으로 수유를 잘한다면 꿈나라 수유 후 꼭 트림을 시켜야 하는 것은 아니지만, 역류가 남아 있는 아기라면 트림을 시켜주는 것이 좋습니다.

잠시 세워 안아주거나, 한동안 상체를 좀 높여 재우는 것도 도움이 될 수 있습니다.

5장

4~5개월(121~150일)

낮잠 재우기
수면의식 정착
모유수유아 철분보충

4-5 months 생후 121~150일

• 낮잠 재우기 • 수면의식 정착 • 모유수유아 철분보충

수면

낮잠 횟수 3회

낮잠과 낮잠 간격
2시간 30분~3시간

낮잠과 밤잠 간격
2시간 30분~3시간

총 낮잠시간 : 3시간 30분~4시간 30분

통잠시간 (밤잠) : 7시간 이상

밤잠시간 : 9~12시간

총 수면시간 : 12~15시간

수유

낮 수유텀
3시간 30분~4시간

총 분유 수유량 800~960ml

총 수유 횟수 5~6회
(밤중 수유 1회)

회당 모유수유 시간 : 20분

이유식
(초기)

이유식 횟수 : 0~1회

회당 이유식 섭취량
30~100ml

자료 출처: 아기잠연구소

1 ——————— 낯잠이 어려운 때입니다

이제는 산통이 있던 아기들도 증상이 거의 가라앉을 때이
므로 대부분 아기들이 상당히 안정되면서 일과 패턴도 거
의 명확해집니다. 만약 아기가 아직 울음이 많고 낮이나 밤이나 재
우기가 어렵다면 수면교육을 더 진지하게 생각해봐야 합니다.

지금부터 아기의 순하고 까다로운 정도는 얼마나 잠을 잘 자는
가에 달려있습니다. 아주 예민하고 까다롭게 태어난 아기들도 수
면교육을 잘해서 잠을 충분히 자게 되면 훨씬 순해질 수 있으니까
요. 낮잠은 세 번만 자는 아기가 대부분이지만 아직 네 번 자는 아
기도 있을 텐데 한 번에 푹 잘 수 있게 되면 낮잠을 세 번만 재우는
것이 충분히 가능합니다.

밤중 수유는 아직 두 번 하는 아기도 있지만 평균적인 성장을 보
인다면 대부분은 한 번으로도 충분합니다. 밤잠은 대부분 9시간
이상 자는데 어떤 아기는 낮잠이 적고 대신 밤잠을 12시간까지 자
기도 합니다.

다만 신체적, 정신적으로 비약적인 성장을 하기 때문에 자다가

도 뒤집다가 잠을 깨버리는가 하면 낯가림을 하면서 불안으로 깊은 잠을 못 자는 일이 생기도 합니다.

이 시기에 무엇보다 주의가 필요한 것은 낮잠 재우는 시간입니다. 낮잠이 4회에서 3회로 줄어들면서 잠과 잠 사이에 깨어 있는 시간이 길어져서 평소 재우던 시간에 갑자기 재우기 어려워질 수 있기 때문입니다. 일과가 규칙적인 것은 중요하지만 잠이 오지 않는 타이밍에 억지로 잠을 재우려고 하면 잠을 아예 거부하게 만들 수 있으므로 아기의 변화를 눈여겨보면서 재우는 시간을 조금씩 조절해볼 필요도 있습니다.

낮잠 과도기

아기는 자라는 동안 낮잠의 횟수나 지속 시간이 계속 변합니다. 미리 알고 마음의 준비를 하고 있어야 변화에 대처하기가 쉽습니다. 과거의 설문 자료에 의하면 5개월까지는 절반 정도의 아기들이 낮잠을 하루 3회 자고 11개월이 되면 낮잠을 두 번 자는 아기들이 75% 정도였다가 돌이 넘으면서부터 점차 낮잠 횟수가 줄어서 18개월이 되어서는 90% 이상의 아기들이 낮잠을 하루에 한 번만 자게 된다고 합니다. 그런데 수면교육 방법이 알려지고 숙면을 취하는 아기들이 늘어나면서 최근에는 낮잠 횟수가 줄어드는 월령이 좀 더 빨라진 것 같습니다. 만 3세가 되면 절반 이상의 아기들이 아예 낮잠을 자지 않습니다. 다만 아기들마다 차이가 많기 때문에 평균에 맞추기 위해 무리한 노력을 할 필요는 없습니다.

월령 (만 나이)	낮잠 횟수 평균
4 개월	3 회
6 개월	2~3 회
9 개월	2 회
12 개월	1~2 회
15 개월	1 회
만 3 세	0~1 회

뒤집느라 자주 깨는 아기

왕성한 발달 시기에는 밤에 자는 동안에도 움직임이 멈추지 않아서 자다가도 뒤집느라 깨는 일이 많습니다. 뒤집기 방지 쿠션을 쓰거나 좁쌀 이불을 써서 몸의 움직임을 줄여줄 수도 있지만 억지로 움직임을 줄여주면 불편해서 오히려 더 깨는 아기들도 있습니다. 가장 좋은 방법은 깨어 있는 시간 동안 충분히 뒤집기 놀이를 시키는 것입니다. 아직 스스로 뒤집기를 못한다면 터미 타임을 많이 갖도록 해주어서 깨어 있는 동안 충분히 몸을 움직이게 해주세요. 다만 자고 일어나서 기분이 좋을 때 오전을 중심으로 움직임을 많이 갖도록 하고, 늦은 오후가 되면 동적인 움직임을 줄이는 것이 좋습니다. 오후 늦은 시간에는 촉감 놀이나 음악 듣기 등 뒹굴뒹굴하면서 놀 수 있도록 해야 밤잠을 재우기가 쉬워집니다.

움직임이 많은 아기일수록 재우기 전에 몸을 가볍게 주물러주거

나 마사지를 해주는 수면의식 시간이 신체를 이완
시켜서 통잠에 도움이 됩니다.

 뒤집기, 되집기 놀이 TIP

- 가볍고 편안한 옷을 입히세요.
- 아기의 어깨와 엉덩이 부분을 손으로 잡고 몸을 옆으로 밀어 뒤집기
  를 도와주세요.
- 손가락으로 아기의 하체를 약간 밀어서 넘어갈 수 있도록 해주세요.
- 아기를 똑바로 눕힌 뒤 뒤집으려는 방향에서 알록달록하거나 소리가
  나는 장난감을 흔들어 시선을 유도해주세요.
- 뒤집기를 성공했다면 따뜻한 미소와 칭찬을 아낌없이 해주세요.

아기의 기질과 수면

이제 5개월이 다 되었지만 아직도 재우기가 무척 어려운 아기들
이 있습니다. 백일 무렵까지 산통처럼 한밤중에 한 시간에 가깝도
록 악을 쓰고 우는 일이 많았던 아기일수록 그럴 가능성이 높습니
다. 조리원 동기들은 다들 그냥 키워도 아기가 순하기만 하던데 우
리 아기만 잠에 까다롭다고 친정엄마 말처럼 어려서 예민했던 자
신을 닮은 모양이라며 울상인 엄마들을 종종 봅니다.

누구나 타고난 기질이 있고 예민한 아기들은 그만큼 재우기가
어렵기는 합니다. 하지만 기질이 예민한 아기들도 잠을 푹 자면 훨

썬 순해집니다. 기질이 까다롭다고 수면교육을 전혀 할 수 없는 것도 아닙니다. 다만 조금 더 공을 들여서 수면환경을 만들어주어야 하고 수면교육의 원칙을 좀 더 철저히 지켜야 합니다. 무엇보다 까다로운 아기들은 울음도 훨씬 세므로 견디기가 쉽지 않지만 쓸데없이 울 때는 바로 달래기보다 좀 버티며 그냥 지켜볼 수 있어야합니다. 그래야 점차 덜 울고 더 잘 자게 됩니다.

기질 탓을 하는 것은 정말 쉽습니다. 그러나 문제를 하나도 해결해주지는 못합니다. 잘 재우면 기질도 달라집니다. 4개월 이후는 수면이 기질을 리드해간다고 생각해야 합니다.

예민한 아기

유난히 예민한 아기들이 있지요. 이런 아기들은 불안이 많고 환경이 조금만 바뀌어도 자극을 많이 받아서 툭하면 울고 보채는 통에 달래다 보면 엄마 손목이 다 아플 지경입니다.

예민한 아기일수록 하루 일과가 예측 가능해야 불안을 덜 느껴서 편안해합니다. 일과가 예측 가능하려면 규칙적인 생활이 필수이고, 또 자극을 줄여주려면 아기가 가장 예민하게 반응하는 환경은 피해주는 것이 좋습니다.

아마추어 선무당들의 흔한 잘못 중 하나가 '아이는 시끄럽게 재워야 한다'고 생각하는 것입니다. 잘못된 생각입니다. 예민한 아기들에게 시끄럽거나 안정되지 않은 수면환경은 수면의 질을 심각하게 방해해서 신체적, 정신적 스트레스를 높아지게 합니다.

- **소리에 예민한 아기**: 집안의 소음을 전반적으로 줄여보세요. 특히 저녁에는 갑자기 새로운 소리에 노출되는 것을 조심합니다. 특정 동물소리나 기계음을 싫어하는 아기들도 있으니 주의합니다.
- **빛 등 시각적 자극에 예민한 아기**: 재울 때는 암막 커튼을 치는 것이 잠에 도움이 됩니다. 밤에도 수면 등까지 아예 꺼주는 편이 나을 수 있고 낮잠을 길게 못 잔다면 낮잠 때도 암막커튼을 사용합니다. 지나친 시각적 자극에 갑자기 노출시키지 않아야 합니다.
- **촉각에 민감한 아기**: 촉각에 민감한 아기들이 생각보다 많습니다. 이 아기들은 기저귀가 조금만 젖어도 울고 옷이 답답하거나 옷이나 이불의 재질이 맘에 들지 않아도 울 수 있습니다. 모래에 발이 닿는 것도 싫어합니다. 이런 아기들을 위해서는 기저귀를 자주 갈아야 함은 물론 옷의 재질도 신경을 써야 하고 목욕물이나 방의 온도도 잘 맞추어줍니다.
- **여러 가지 자극에 민감한 아기**: 이런 아기들은 다음과 같이 도와주세요.
  - 너무 큰소리로 말하지 않기
  - 갑자기 아기의 자세를 바꾸려고 하지 않기
  - 장난감을 주변에 너무 많이 두지 않기
  - 사람에 의한 과자극 주의 (너무 많은 사람들 만나기, 너무 과한 활동 및 외출)

만약 낮 동안에 과하게 자극을 받았다면, 잠들기 전에 충분히 이완시켜주어야 잠을 잘 잡니다. 아기의 타고난 기질을 부모가 완전히 바꿀 수는 없지만, 아기와 부모 모두를 위해 돌보는 방법에 주의를 할 수는 있습니다.

급성장기, 원더윅스

부쩍 관심 갖는 분들이 늘어나고 있는 단어이지만 원더윅스는 사실 **의학적인 근거가 있는 용어는 전혀 아닙니다.** 시기를 정확하게 구분해서 말할 수 있는 것도 아닙니다. 다만 신기한 신체적, 정신적 발달이 갑자기 등장하면서 예상하지 못했던 문제들을 만날 수 있는 시기 정도로 이해하면 됩니다.

양육자들이 가장 먼저 원더윅스에 관심을 가지는 때가 보통 4개월 무렵입니다. 뒤집기가 시작되고 낯가림이 생기면서 잠투정이 심해지거나 갑자기 밤에 자주 깨고 밤중 수유가 다시 늘어나는 등 예기치 못했던 변화가 나타나기 때문인 듯합니다.

원더윅스에 관심을 갖는 사람이 늘어날수록 저는 걱정이 상당히 커집니다. 아기에게 수면문제가 나타나는 이유를 찾아 해결하려고 하기보다 원더윅스라는 핑계 뒤에 숨어서 한숨 쉬는 쪽을 택하는 분들이 자꾸 생기기 때문입니다. 원더윅스 중에 있거나 아니거나 아기에게 수면문제가 생기면 체크해 보아야 할 것, 노력해야 할 것은 크게 다르지 않습니다.

발달이 왕성하고 호기심이 많아지는 시기에는 자극이 과해지면 잠이 힘들어지므로 외출을 줄이는 것이 현명합니다. 일상이 규칙적이고 예측 가능하게 유지될 때 잠이 편안합니다. 낮잠 시간을 넘기지 않도록 주의하고 밤잠도 늦어지지 않도록 합니다.

밤에 자주 먹으려고 하면 밤중 수유 횟수를 늘리기보다 낮 수유량을 매회 조금씩 더 늘려서 먹여서 하루 총 수유량이 부족하지 않도록 합니다.

뒤집기 때문에 자꾸 깬다면 낮에 뒤집기 연습을 할 기회를 충분히 주도록 하고 밤에 재우기 전에는 몸이 충분히 이완되도록 수면의식을 통해 차분하고 좀 길게 달래주세요.

낮가림이 깊은 잠을 방해하는 것 같다면 깨어있는 시간 동안 아기랑 눈맞춤을 더 많이 하고 재우기 전에 더 충분히 안아줍니다. 불안해서 우는 아기를 젖을 물려 달래지 않도록 아주 주의해야 합니다.

 원더윅스가 걱정된다면 이렇게 하세요

1. 아기가 자극을 너무 많이 받지 않도록 외출을 줄입니다.
2. 낮잠 시간, 밤잠 시간 등 일과가 흐트러지지 않도록 합니다.
3. 깨어있는 동안 더 많이 안아주고 더 많이 눈맞춤을 해줍니다.
4. 울음을 멈추려고 무조건 수유하는 일은 삼갑니다.
5. 낮에 몸을 활발하게 움직이며 놀 수 있도록 해 줍니다.
6. 수면의식을 더 차분히 더 충분히 하며 잘 달래줍니다.

2 ——— 4~5개월(121~150일) 수면교육

2개월부터 수면의식을 시작했지만 아직 제대로 못하고 있다면 이제는 완전히 일과로 굳어져야 합니다. 지금 쉽게 재우기 위해서도, 훗날의 수면문제를 예방하기 위해서도 수면의식은 아주 중요합니다. 수면의식이 복잡할 필요는 없고 매일 밤 똑같이 반복하는 것이 중요합니다. 재울 때 들려주는 자장가도 같은 것이 좋습니다.

4개월 아기 수면의식의 예

- 재우기 1시간 전부터는 집안 전체의 조도를 낮추어 잘 시간이라는 신호를 줍니다.
- 가볍게 목욕을 시키며 목욕시간이 너무 길거나 신나는 놀이 시간이 되지 않도록 합니다.
- 목욕 후 수유를 합니다. 먹다가 잠들어버리면 밤에 일찍 배가 고파서 깰 수 있으니 가볍게 깨워서라도 충분히 먹이도록 합니다.

- 트림을 시키고 눕혀서 간단히 마사지를 해줍니다.
- 토닥이거나 자장가를 불러주며 재우기를 시도합니다.
- 만약 아기가 자지러지게 운다면 안아서 잠시 진정시킨 후 다시 눕힙니다.

낮에도 약식으로 수면의식을 해보도록 합니다. 빛을 차단한 뒤 잠옷을 입히고 눕혀서 자장가를 틀고 토닥여주거나 작은 소리로 이야기를 들려주는 정도가 좋습니다. 낮과 밤의 수면의식은 꼭 일치할 필요는 없지만 매 낮잠 시 수면의식은 통일하는 것이 좋습니다. 만약 아기가 잠들지 못하고 점차 울음이 거세진다면 안아서 잠시 진정시킨 후 다시 눕히기를 시도합니다.

낮잠 잘 재우기

이제 낮잠도 밤잠처럼 눕혀 재우려고 조금씩 더 노력해봅니다. 다만 시간이 얼마가 걸리든지 잠들 때까지 울더라도 반응하지 않겠다는 전략은 이 시기 낮잠 때는 좀 위험합니다. 가장 효율적인 전략은 다음과 같습니다.

첫째, 대부분 낮잠 1이 가장 재우기 쉬우므로 낮잠 눕혀 재우기를 시도하려면 낮잠 1부터 하는 편이 쉽습니다. 다만 밤잠을 푹 자지 못해 짜증이 많은 상황이라면 무리하게 눕혀 재우기를 시도하기보다 어떻게든 푹 재우는 방법을 택하고 기분이 괜찮을 때 다시 시도합니다.

둘째, 낮잠을 푹 재울수록 다음 낮잠 재우기가 편해지고 밤잠 재우기도 쉬워지므로 낮잠 연장에 최선을 다합니다.

셋째, 잠과 잠 사이 간격이 너무 멀면 잠투정이 심해지고 재우기 어려워집니다. 잠을 3번 잔다면 낮잠 사이 간격이 절대로 3시간을 초과하지 않아야 하므로 대략 2시간 깨어 있었으면 재울 타이밍을 잡기 위해 아기 상태를 잘 살펴보도록 합니다. 만약 아직 낮잠을 4번 잔다면 2시간마다 다시 재운다는 생각으로 아기 상태를 살핍니다.

우리 아기에게 적합한 낮잠 횟수 정착시키기

아기마다 필요로 하는 낮잠 시간은 조금씩 다르므로 우리 아기에게 맞는 낮잠 횟수, 시간을 잘 찾아가봅니다. 낮잠을 한 번에 길게 잘 자기 시작한 아기라면 이미 낮잠이 3회일 것이며, 낮잠을 짧게 짧게 자는 아기들이라면 아직 낮잠 4회 일과일 것입니다.

낮잠 횟수보다 더 중요한 것은 낮잠의 총량과 낮잠 사이 간격이며, 특히 중요한 것이 마지막 낮잠 시간과 밤잠 시작시간의 간격입니다. 횟수는 다르더라도 하단의 권장사항을 지키도록 노력해보세요.

- **4~5개월 낮잠 권장 총량**: 3시간 30분~4시간 30분
- **마지막 낮잠과 밤잠 사이 간격**: 2시간 30분~3시간

수유간격 4시간

평균적인 성장과 발달을 한다면 이제 대부분의 아기들에서 낮 수유간격을 4시간 이상으로 넓힐 수 있습니다. 밤잠의 길이와 낮 수유간격이 완전히 상관관계가 있는 것은 아니지만 낮 수유간격이 좁을수록 밤 통잠 시간이 짧을 가능성이 높고, 질 좋은 수면의 핵심인 규칙적 일과도 만들기가 어렵습니다. 아직 수유간격이 4시간보다 좁다면 수유간격 늘리기를 서둘러봅니다.

밤중 수유 줄여 나가기

이제는 밤중 수유가 한 번이거나 아예 없어야 합니다. 밤중 수유가 많을수록 엄마와 아기 모두 조각 잠을 자게 되어 충분히 피곤을 풀기가 어렵습니다.

밤중 수유가 여러 번이라면 가장 적게 먹는 밤중 수유부터 없애 봅니다. 분유수유라면 수유량을 보고 모유수유라면 수유시간을 보면 됩니다. 수유량이 적었다면 단번에 없애는 것도 가능하겠고 많이 먹고 있던 아기라면 2~3일 간격으로 수유량이나 수유 시간을 차츰 줄여갑니다.

낮에 잘 먹는 아기라면 벌써 밤중 수유가 아예 사라지기도 하는데 대부분 아기들은 이유식을 시작한 6개월 무렵에 밤중 수유가 사라지므로 너무 급하게 서두르지 않도록 합니다. 배고픈 아기를 억지로 굶겨서 재우면 수시로 깨므로 더욱 힘들어질 수 있습니다.

젖을 물어야 자는 습관이 있는 아기

이런 습관이 이미 생긴 아기는 밤중 수유를 중단하기가 정말 힘들 것입니다. 하지만 계속 젖을 물고 자면 밤잠을 충분히 자지 못해 스트레스 수준이 높아지다가 점차 낮잠까지 문제가 생길 수 있으므로 서둘러 습관을 바꿔야 합니다. 또 밤에 먹었기 때문에 낮에 잘 먹으려들지 않아 이제 곧 시작해야 하는 이유식 시작이 어려워질 가능성이 높습니다.

습관을 바꾸려면 우선 밤에 재우기 시작할 때 젖을 물려 재우지 않는 것부터 성공해보세요. 수면의식의 초반에 수유를 배치해서 수유하면서 잠들지 않도록 하고 만약 잠이 들어버리면 잠깐 깨워서 트림을 시킨 후에 다시 눕히도록 해봅니다.

자다가 깨서 젖을 찾으면 정해진 시간 한두 번을 제외하고는 수유를 하지 않아야 하는데 모유수유를 하던 엄마가 수유하지 않고 아기를 달래기란 너무나 어려운 일입니다. 차라리 수유를 하는 엄마는 아예 아기 옆을 떠나 있고 아빠나 다른 분이 아기를 달래도록 해야 성공확률이 높아집니다.

(완전 모유수유 중이라면) 철분 보충 고려

아기가 필요로 하는 미량 영양소 중 수면에 가장 크게 영향을 미치는 것은 철분입니다. 철분 부족은 아기의 인지나 운동기능에까지 길게 영향을 미칠 수 있다고 하는데 특히 이 시기 아기들은 철분이 부족할 때 수면의 질이 많이 떨어집니다. 연구자들은 왕성한 뇌 발달 시기에 철분 부족이 수면구조 발달에 영향을 주는 것이 이유일 것이라고 추측하고 있습니다. [14) 15)]

세계보건기구에서는 만 6개월까지 모유수유만 하도록 권장하고 있지만 생후 4개월이 지나면 모유에 들어있는 철분만으로는 아기에게 필요한 요구량을 다 충족시킬 수가 없습니다. 만약 완전 모유수유 중이고 이유식 시작 시기를 만 6개월 이후로 생각하고 있다면 철분 보충을 꼭 고려하는 것이 좋습니다. 아기가 예정일보다 일찍 태어난 경우는 출생 전에 몸 속에 축적된 철분 양이 그만큼 더 부족하므로 4개월보다 더 일찍 철분을 보충하도록 합니다.

3 ——————— 무엇이든 물어보세요

Q 낮잠 횟수가 줄어든다는 신호는 어떻게 확인할 수 있을까요?

A 전과 같은 시간에 재우기가 쉽지 않고 수면의식 후 잠드는 시간이 1시간 정도로 늘어지기 시작했다면, 또 낮잠을 건너뛰어도 별로 보채거나 피곤해하지 않는다면 낮잠이 줄어드는 타이밍일 수 있습니다. 낮잠이 줄어드는 것 같다면 하품 등 졸리운 신호를 언제쯤 보내는지 약 3일에 걸쳐 시간을 적어보아야 확실해져요. 한동안은 낮잠을 어떤 날은 4번 잤다가 어떤 날은 3번 잤다가 할 수도 있습니다.

Q 낮잠이 줄었지만 밤잠까지 버티기는 힘들어하는데 어떻게 해야 하나요?

A 새로운 일과에 적응하기까지는 시간이 좀 필요합니다. 낮에 깨어 있는 시간이 길어지면서 밤잠 시간까지 버티기 어려워하면 밤잠 시간을 30분에서 1시간가량 당겨 재우는 것이 도움이 될 수 있습니다.

Q 낮잠 재우기도 연습이 필요한가요?

A 밤잠은 정말 잘 자는데 낮잠 재우는 것만 너무 힘들다면, 낮잠 또한 잘 자는 연습이 필요할 수 있습니다. 우선 밤잠처럼 항상 비슷한 시간에 재워보세요. 규칙적 일과를 유지하면 자연스레 비슷한 시간에 졸려할 가능성이 높기 때문에 점점 더 수월해집니다. 다만, 밤잠과 낮잠 동시에 문제가 있다면 밤잠부터 개선하는 것이 양육자와 아기에게 더 편안하고 이후 낮잠 1로 연습을 확대하는 것이 쉽습니다.

Q 낮잠을 길게 자면 깨워야 할까요?

A 네, 낮잠을 너무 많이 자면 밤잠이 줄어들 수 있습니다. 회당 낮잠은 길어야 1시간 30분에서 2시간 정도이므로 2시간 이상 잔다면 자연스레 깨우도록 합니다.

Q 자다가 뒤집고 울면 어떻게 해야 할까요?

A 새로운 발달과정에 익숙해지는 동안 아기는 한동안 본인의 움직임에 놀라 자주 깨기도 합니다. 이럴 때는 양육자가 너무 즉각적으로 개입하여 자세를 바로잡아 주는 것보다 아기가 스스로 편한 자세를 찾고 다시 스스로 잠들 수 있도록 좀 지켜보세요. 너무 심하게 울거나 위험한 상황이라고 판단되면 살짝 개입하여 자세를 고쳐주거나 잠시 달래주세요.

★ 주의: 엎어져서 잠들었다면, 다시 잠이 완전히 든 후 자세를 바꿔주거나, 뒤집기 방지 쿠션을 사용하는 것도 도움이 될 수 있습니다.

Q 책마다 기준이 너무 다른데 120일에 이유식을 시작할 수 있다고 하는 경우가 있어요. 120일 아기, 이유식을 시작해야 할까요?

A 모유는 아기에게 최고의 음식입니다. 이유식을 빨리 시작하면 삼키는 것이 어려울 뿐 더러 흡수를 잘 못시키거나 알레르기 가능성이 높아질 수도 있습니다. 세계보건기구에서는 완전모유수유아의 경우 만 6개월에 이유식을 시작하도록 권고하고 있습니다. 다만, 이유식 시작 전에는 밤중 수유를 중단하기가 어려운 것이 사실입니다. 따라서 성장과 발달이 좋

고 분유를 권장량을 초과해서 먹으려고 하면서 어른이 먹는 것에 자꾸 관심을 보인다면 120일 이후에는 이유식을 시작할 수도 있습니다.

Q 독박육아 중입니다. 아기는 순한데, 밤낮이 바뀌기도 하고, 잘하고 있는지도 모르겠습니다. 수면교육을 시작해야 한다고들 하는데 어떻게 해야 할지 모르겠습니다.

A 아기가 어릴 때는 수시로 먹여야 하고 한 번에 길게 자지 못하기 때문에 아무리 순한 아기를 기르더라도 양육자가 몹시 고단할 수밖에 없습니다. 아무리 좋은 수면교육 방법을 알려주어도 양육자의 신체와 마음이 단단하지 않으면 따라하기 어려워서 어쩌면 아기가 어릴 때 혼자 수면교육을 잘하는 것은 불가능에 더 가까울지도 모르겠습니다.

그래도 방법이 없는 것은 아닙니다. 다만 불안해하지 말고 서두르지도 말고 할 수 있는 것만 하나씩 차분히 해나가면 됩니다. 예를 들어 수유간격 늘리기 하나만 목표로 해서 성공시켜보세요. 그러면 점차 밤잠 시간이 길어지면서 전반적으로 컨디션이 좋아지거든요. 컨디션이 좋아지면 이제 낮잠 재우기도 한결 쉬워집니다. 또 밤잠 눕혀 재우기 하나만 성공해도 됩니다. 눕혀 재우기에 성공하면 밤에 깰 가능성이 좀 더 줄어드니까요. 낮잠 연장하기 하나만 성공하는 것도 훌륭합니다. 낮잠을 충분히 자면 밤잠 때 짜증이 덜해집니다.

사실은 주변의 도움을 받으며 육아를 하는 분들도 아기 수면 문제에 봉착해서 당황하면 어쩔 줄을 모르기 때문에 한 번에 한 가지씩만 성공하도록 조언하곤 한답니다. 하나를 성공하면 다른 문제도 좀 더 수월하게 이겨내거든요.

독박육아를 너무 서러워하지 마세요. 책을 찬찬히 읽으면서 지금 우리 아기에게 할 수 있는 가장 쉬운 수면교육이 무엇일까 그것 하나만 찾아서 꾸준하게 실행해보시면 됩니다.

6장
5~6개월 (151~180일)

과도한 밤중 수유 주의
이앓이

5-6 months 생후 151~180일
- 과도한 밤중수유 주의 • 이앓이

낮잠 횟수 2~3회

수면

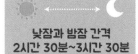
낮잠과 밤잠 간격
2시간 30분~3시간 30분

낮잠과 낮잠 간격
2시간 30분~3시간

총 낮잠시간 : 3시간 30분~4시간
통잠시간 (밤잠) : 9시간 이상
밤잠시간 : 9~12시간
총 수면시간 : 12~15시간

낮 수유텀
4시간~4시간 30분

수유

총 분유 수유량 800~960ml

총 수유 횟수 5~6회
(밤중 수유 0~1회)

회당 모유수유 시간 : 15~20분

이유식 횟수 : 0~1회

이유식
(초기)

회당 이유식 섭취량
30~100ml

자료 출처: 아기잠연구소

1 ——— 과도한 밤중 수유를 조심하세요

✧ 그간 큰 어려움 없이 자라주었던 아기라면 먹고 자는 시
간이 상당히 규칙적이 되었을 것입니다. 뒤집기 등 급격
한 신체발달 단계를 넘긴 아기들은 좀 더 편안하게 잘 것이고, 잘
먹는 아기라면 이미 밤중 수유가 사라졌을지도 모르겠습니다.

아직 밤중 수유가 남아 있을 경우 습관적으로 먹는 것 같고 먹는
양이 아주 많지 않다면 이제는 밤중 수유를 단박에 끊어도 괜찮습
니다. 만약 바로 중단하기 어렵다면 2~3일 간격으로 서서히 먹는
양을 줄이거나 먹이는 시간을 줄여서 끊을 수도 있습니다.

밤중 수유 양을 줄여갈 때는 그만큼 낮에 먹이는 양이 충분해야
하고 특히 이 월령에는 이유식을 시작해야 밤에 배고파서 일어나
는 일이 줄어듭니다.

이유식 시작하기

5개월에 접어든 아기는 이제 분유나 모유만으로는 필요한 영양

을 다 채울 수 없습니다. 아기가 어른들이 먹는 음식에 슬슬 관심을 보이기 시작한다면 이유식을 시작해야 할 때입니다. 고형식 도입이 늦으면 자주 배가 고파서 수유간격이 짧아지거나 사라졌던 밤중 수유가 다시 시작될 수도 있습니다.

이유식은 영양을 위해서뿐 아니라 발달을 위해서도 중요합니다. 새로운 식재료의 질감과 맛을 느끼는 것이나 혀로 밀어서 삼키는 동작을 익히는 것은 중요한 발달 과정이니까요.

무엇보다도 이제는 성장과 발달에 맞는 적절한 이유식 공급이 아기 수면의 질에 매우 중요한 요소가 된다는 것을 절대 놓치면 안 됩니다. 완전 모유수유아의 경우 이유식 도입을 만 6개월 이후로 늦추고 싶다면 철분보충제가 필요할 수도 있습니다. 역류가 남아 있는 아기들도 걸쭉한 음식을 먹이면 증상 완화에 도움이 되므로 이유식을 시작하면 증상이 오히려 더 나아집니다.

이유식 초기에는 먹는 양이 적으므로 이유식을 먹인 후 바로 수유를 합니다. 총 수유량(800~960ml)은 이유식과 관계없이 (모유의 경우에는 횟수, 수유시간으로 체크) 그대로 유지합니다. 만약 이유식 초기인데 아기가 밤에 전보다 자주 깬다면, 수유량이 줄어서 배가 고프지 않을지 생각해보세요.

이유식 먹이는 시간은 어느 때도 상관없지만 푹 자고 일어나서 기분이 좋은 '오전' 시간에 먹일 때 잘 먹을 가능성이 높습니다.

이유식 재료는 아기의 반응을 보며 천천히 차근차근 도입해야 하지만 고기는 소화가 안 되니 가장 늦게 도입한다는 생각은 재고해야 합니다. 붉은 고기 도입이 너무 늦어지면 철분과 아연 등이 부족해서 수면의 질이 나빠질 수 있고 성장에도 지장이 생길 수 있다는 것을 꼭 기억해야 하며 단맛이 나는 과일을 일찍부터 주면 다른 재료를 거부할 수 있다는 것도 알아두세요.

완전 모유수유아에서 이유식도 시작했고 젖을 잘 먹이는데도 자꾸 배고파한다면 엄마의 젖양이 줄었는지도 생각해보아야 합니다. 침을 많이 흘리거나 자꾸 칭얼거리고 젖꼭지를 자꾸 물기만 하고 잘 안 먹는다면 드디어 첫 이가 올라오는 신기한 때일 수 있으므로 입안을 잘 살펴보세요.

이앓이와 수면

유난히 침을 많이 흘리고 젖을 덜 먹으면서 보챈다면 이가 나는 신호일 수 있습니다. 첫 이가 올라오는 시기는 평균 6개월 내외로 알려져 있지만 요즘 아기들은 그 시기가 당겨지는 것 같은 느낌입니다.

이가 날 때 아기들은 엄마 손가락을 가져다 물기도 하고 젖병을 잘 빨지 않고 물고만 있으려고 해서 먹는 양이 줄기도 합니다. 무엇보다 칭얼거리느라 잠을 잘 못 잘지도 모릅니다. 잘 안 먹으면서 보채는데 다른 이유를 못 찾겠으면 입안을 잘 살펴보고 손을 잘 씻은 후 잇몸도 살짝 만져보세요. 잇몸이 조금 부풀어 있거나 잇몸 위로 살짝 딱딱한 것이 만져진다면 이앓이 가능성이 있습니다.

그러나 젖니가 잇몸을 뚫고 올라오기까지 힘들어하는 시간은 대부분 별로 길지 않아서 크게 걱정할 필요가 없습니다. 약 2~3일 정도 힘들어하다가 다시 별일 없었던 듯 돌아오거든요.

아파하는 것 같으면 치발기를 미리 냉장고에서 시원하게 한 뒤 물도록 하거나 깨끗한 가재수건을 시원하게 하여 잇몸 통증 부위를 꾹꾹 눌러주는 것이 도움이 될 수 있습니다. 만약 이유식을 시작했다면 차가운 퓨레를 주는 것이 따뜻한 종류의 음식을 주는 것보다 좋고요. 너무 심하게 보채면 재우기 전에 해열진통제를 며칠 먹이는 것도 고려할 만합니다.

많은 분들이 이앓이를 수면 방해의 주범 중 하나로 생각하곤 합니다. 하지만 사실은 **이앓이가 수면문제를 일으키는 경우는 생각보다 드뭅니다.** 대부분의 아기수면 연구 학자들의 견해가 그러하며 제 경험도 그렇습니다. 이가 나면서 잠에 문제가 생겼다면 먹는 양이 평소보다 너무 줄어들지 않았는지도 생각해보세요. 먹는 양이 적어지면 밤에 더욱 자주 깰 수밖에 없으니까요. 그래도 이앓이로 잠자기를 힘들어한다면 너무 단호한 수면교육은 잠시 보류하는 것이 좋습니다. 수면교육의 목표는 혼자 잠드는 습관을 들이기 위함이지 아이를 방치해서 지쳐 쓰려져 자게 하자는 것은 아니니까요.

그렇지만 만약 이앓이 때문이라고 생각했던 수면문제 기간이 상당히 길게 지속하는 경우에는 이앓이보다 다른 원인을 찾아보아야 함을 기억하기 바랍니다.

2 ────── 5~6개월(151~180일) 수면교육

⭐ 늦은 오후 낮잠 재우지 않기

낮잠이 너무 많거나 너무 늦으면 밤잠도 덩달아 늦어지거나 밤에 자주 깰 수 있습니다. 현 월령에서 권장하는 낮잠 총 시간은 3~4시간 정도이며 오후 5시 이후까지 낮잠을 자고 있으면 밤잠 시작 시간이 밤 9시에서 10시까지로 밀리게 됩니다. 밤잠이 늦을수록 통잠에서 멀어지기 십상이고요. 만약 늦게 재울 수밖에 없는 상황이라면 마지막 낮잠과 밤잠 사이 간격이 약 3시간 정도가 되게 해보세요. 깨어있는 시간이 너무 짧아도 재우기 어렵고 너무 길어도 짜증이 심해 재우기 어려워집니다.

낮 동안 신체놀이 시간을 충분히 주기

낮 동안 신체활동 시간이 적으면 밤에 자는 동안 움직임이 더 생기고 움직임 때문에 잠에서 깰 가능성도 더 커집니다. 아기가 아직 뒤집을 생각을 안 한다면 전반적 발달을 확인해보고 만약 다른 발달에 문제가 없는데 뒤집기만 안 한다면 뒤집기 발달을 건너뛰는 경우일 수 있습니다. 이럴 때는 낮 놀이 시간 동안 엎드려서 놀게 하는 '터미타임' 시간을 더 충분히 가질 수 있도록 해줍니다.

잠 재우기 쉬운 타이밍 잡기

잠투정이 너무 심해서 재우기가 어렵다면 재우는 타이밍을 잘 못 맞추고 있을 가능성이 높습니다. 졸리지 않으면 아무래 재우려고 해도 도저히 재울 수 없듯이 아기들은 지나치게 피곤해도 재우기가 여간 어려운 것이 아닙니다.

종종 아기 재우기를 파도타기에 비유하곤 합니다. 파도 올라타기 성공 여부는 바로 타이밍에 달려있으니까요. 자야 할 타이밍을 놓치면 피곤한 몸을 일으켜 세우기 위해 몸에서 각성 호르몬인 코티솔과 흥분 호르몬인 아드레날린, 노르아드레날린이 쏟아져 나오게 됩니다. 그러면 아기는 더욱 흥분해 짜증이 많아지거나 아주 부산하게 되어 진정시키기가 더욱 어려워지죠. 이런 순간이 되면 아기가 얼마나 흥분되어 있고 얼마나 짜증이 많아지는지 수면 전문가 마크 웨이스블러스는 이 시간을 '마의 시간'이라고 말할 정도입니다.

아기 재우는 타이밍을 잡으려면 무엇보다 아기를 잘 관찰하고 있어야 합니다. 신나게 놀고 있을 때는 졸림 신호를 잘 드러내지 않으므로 행동이나 감정상태를 더욱 잘 관찰하지 않으면 타이밍을 놓치니까요. 아기의 각성상태가 과다하게 느껴지거나 짜증이 늘어날 때, 반응이 과도할 때는 잠이 필요한 상태라고 판단하는 것이 옳습니다.

하지만 아기를 하루 내내 관찰하고 있기는 현실적으로 어려우므로 월령에 따라 잠과 잠 사이 깨어 있을 수 있는 시간을 대략 알고 있으면 아기의 졸림 신호를 살피기가 상대적으로 쉬워집니다.

각 월령별 권장 수면 간격은 월령별 챕터에 있는 그림을 참고하면 됩니다. 잠과 잠 사이 간격이 생각보다 짧다는 것을 꼭 기억하면서 타이밍을 잡아보도록 합니다.

5~6개월 아기의 수면교육 방법

퍼버법

이 시기에 사용가능한 수면교육 방법으로 퍼버법이 많이 알려져 있습니다. 퍼버법은 잘만 사용하면 아주 효과적이지만 치밀한 계획 없이 성급하게 덤비면 오히려 부작용이 생길 수도 있어서 매우 주의가 필요합니다. 퍼버법을 생각 중이라면 다음과 같은 사항을 먼저 숙지하세요.

첫째, 퍼버법은 이미 잘못된 수면습관(엄마 품에서만 자려고 하거나 늦게까지 자지 않으려고 버티는 등)이 생겼을 때 그 습관을 바꾸기 위해 사용하는 방법으로, 처음 수면교육을 위해 사용하지 않도록 합니다.

둘째, 퍼버법은 아기가 현재 수면습관을 고집하며 울 때 반응하지 않고 기다리는 시간을 미리 계획하고 점진적으로 늘려가는 방법입니다(scheduled waiting).

셋째, 달래는 방법은 지금까지 습관적으로 하던 방법과는 아예 다른 방법으로 합니다.

퍼버법 시작 전 꼭 선행되어야 할 것

1. 수유, 수면 패턴이 어느 정도 만들어진 뒤에 해야 하므로 5개월 이후 시행을 추천합니다.

2. 수면 의식 등 잘 자기 위한 조건이 충분히 갖추어져 있어야 합니다.

3. 마음의 준비를 잘하고 시작합니다. 일관되게 하지 못하면 되려 부작용을 부르니까요.

4. 다른 가족의 동의를 받지 못한 채로 시행하면 실패가 거의 자명하므로 미리 가족 간 합의가 되어야 합니다.

퍼버법을 시작하기 전에 꼭 알아두어야 할 것

1. 월령이 높을수록 매일 밤잠 자던 시간보다 오히려 조금 늦게 시작해보세요.

많이 졸릴 때 시작하는 편이 저항을 줄일 수 있어 하기 쉽습니다. 예를 들어 매일 같은 시간에 잔다면, 처음에는 30분에서 1시간 정도 뒤에 재우기 시작하세요. 기상시간은 동일한 시간으로 하고 피곤해한다고 낮잠을 더 재우지 않아야 합니다. 대신 어린 월령은 늦은 잠으로 지나치게 피곤해지면 짜증이 너무 늘어나므로 재우는 시간을 지나치게 뒤로 미루지 않도록 합니다.

2. 아기가 깨어 있는 상태에서 매일 아기를 재우고 싶은 공간에 눕히고 시작하세요.

잠자리와 놀이하는 곳은 꼭 구분이 되어야 합니다. 놀던 곳에서는 흥분상태를 가라앉히기가 어렵습니다.

3. 아기의 울음을 참고 기다릴 수 있는 시간을 먼저 마음에 정하세요.

아기의 울음소리를 듣고도 반응하지 않고 기다리는 것은 정말 힘든 일입니다. 내가 얼마만큼 참고 기다릴 수 있겠는지 마음 결정을 먼저 하세요. 아래 제시한 표와 달리 1분부터 시작해도 괜찮습니다.

퍼버법 방법
아기의 울음을 확인하기 전, 몇 분을 기다려야 하나?

DAY	첫 번째 대기	두 번째 대기	세 번째 대기	그다음 대기
1	3	5	10	10
2	5	10	12	12
3	10	12	15	15
4	12	15	17	17
5	15	17	20	20
6	17	20	25	25
7	20	25	30	30

(출처: Solve Your Child's Sleep Problems, by Richard Ferber MD.)

4. 아기의 울음을 최대치로 기다렸다면?

예를 들어 10분을 기다림의 최대치로 정했다면, 10분보다 더 길게 연장하지 말고 아기가 잠들 때까지 10분 간격으로 아기 옆에 가서 상태를 확인하고 미리 정한 방법으로 달래세요.

5. 3~4일 정도 후에는 효과가 나타나기 시작해야 하고, 일주일까지는 시도해볼 수 있습니다.

여러 날에 걸쳐 시간 간격을 계속 늘려가도 전혀 개선이 되지 않을 때, 아기의 울음에 반응하지 않는 시간을 한정 없이 늘릴 필요는 없습니다. 대신 수면교육의 원칙들이 잘 지켜지고 있는지 점검해본 뒤 처음부터 시작해서 반복하도록 합니다.

6. 아기에게 다가가 상태를 체크하는 시간을 너무 길게 하지 마세요.

일정 시간 후에 아기 옆에 가는 것은 아기에게 별 일은 없는지 확인하는 것이지, 아기가 원하는 방식대로 달래거나 재우자는 것이 아닙니다. 그러므로 아기를 체크할 때는 너무 오래 아기 옆에 머물러 오히려 아기를 혼동시키지 않도록 주의합니다.

7. 만약 아기가 잠은 들었으나 자는 도중 깨서 또 다시 운다면 최소 시간 기다리기부터 시작하여 최대 시간차 개입까지 다시 시도해봅니다.

8. 아기가 조금 일찍 일어났다면 연장하지 말고 그대로 하루를 시작해보세요.

아침 5~6시까지는 이 방법을 사용하지만 그 이후에 아기가 깼다면 다시 재우기는 쉽지 않아요. 잠은 무조건 한 장소에서만 재워야 하니까 다른 방에서도 더 재우지 않아야 합니다. 반면에 만약 아기가 기상시간을 넘어 계속 자고 있다면 깨우도록 하세요.

9. (아기를 따로 재우는 경우) 만약 아기가 자꾸 방에서 나오려고 한다면 안전을 위해 안전문을 설치하세요.

그리고 시간차 간격을 두고 안전문 앞까지만 가서 아기를 체크하세요. 아기가 침대가 아닌 안전문 앞에서 잠들어도 괜찮아요.

 예외의 상황

1. 만약 아기 침대가 양육자의 침실에 같이 있다면?

엄마 침대와 아기 침대는 최대한 거리를 두고 있다가 마찬가지로 시간차 간격을 두고 아기에게 반응합니다. 만약 엄마가 한 방에 있는 것이 아기에게 더 자극을 주는 것 같다는 판단이 들면 아기가 울 때 방을 나갔다가 시간차 간격을 두고 들어와 반응하는 것도 좋습니다. 같은 공간에 있다 하더라도 아기가 엄마를 볼 수 없다면 그 곳에 머무르며 반응해줄 수 있습니다.

2. 만약 아기와 같은 침대에서 잔다면?

우선 양육자와 아기가 같은 침대에서 자는 것을 추천하지 않습니다. 영아돌연사증후군 위험이 높아질 뿐 아니라 엄마와 아기가 서로의 수면을 방해해서 수면문제가 일어날 가능성이 훨씬 높으니까요. 이렇게 가까이 붙어 있으면 퍼버법 성공이 아주 어렵기도 해요.

반드시 한 침대를 사용해야 하는 상황이라면 엄마는 인형처럼 누워 있다가 시간차 간격으로 반응해야 합니다. 하지만 쉽지 않으므로 그보다는 엄마가 침대맡에 의자를 두고 앉아 아기가 잠들 때까지 시간차 간격으로 반응해주거나, 아예 밖으로 나갔다가 시간차를 두고 들어오는 것이 현명합니다. 이때는 방에 안전문을 설치해두는 것이 좋습니다.

3. 낮잠의 경우 퍼버법을 동일하게 적용해야 할까요?

시간차 개입방법은 낮잠 시에도 동일하게 적용할 수 있는데, 단 30분 이상 자고 일어나서 울고 연장이 되지 않는다면 더 재우지 않고 데리고 나옵니다.

3 ─────────── 무엇이든 물어보세요

Q 지금도 젖을 물고만 자려고 하는데, 어떤 것부터 바꿔야 할까요?

A 마지막 수유를 너무 졸리기 전에 미리 하세요. 재우기 전 집
중수유 시간이 너무 늦으면 먹다가 잠이 들 수 있으므로 시
간을 조금 당겨서 먹인 뒤 졸려하면 눕혀서 재우세요.
새벽에 습관적으로 깨서 수유를 하는 습관을 중단하기 어렵
다면 다음 사항을 잘 살펴보시기 바랍니다.

• 정말 배가 고픈지 생각해보세요. 낮에 먹은 양이 부족하다
면 잠들기 전 보충수유를 잘해서 재워야 새벽에 젖을 찾는
일이 줄어듭니다.
• 며칠 동안 깨기 전에 미리 아기의 잠자는 자세를 살짝 바꿔
주면서 토닥여서 잠이 이어지게 해보세요.

• 밤중 수유 시간을 바꿔보세요. 이유식 시작 초기이고 낮 수
유량이 적어서 밤중 수유가 필요하다면 아기의 밤중 수유
시간을 당겨봅니다. 아예 밤 11~12시 사이 깨기 전에 1회
미리 수유를 하되, 장시간 물고 있게 하지는 마세요. 대신
다른 시간에는 일체 눕혀서 젖을 물리지 않도록 합니다.

Q 이유식을 시작하려는데 도무지 거부하면 어떻게 하나요?

A 발달이 충분한데도 그렇다면 아직 익숙하지 않아서 그럴지
몰라요. 이유식과 아기가 좀 더 친해질 수 있도록 기회를 주
세요. 계속 뱉어내고 삼키지 못한다면 아기의 자세가 삼키는
데 불편하지는 않은지 잘 살펴서 고쳐 앉혀주고 잠시 기다렸
다가 다시 시도해보세요. 반복해서 시도하면 결국 잘 먹게
됩니다.
이유식에 익숙해지도록 하려면 이유식을 먼저 하고 이어서
수유를 하는 것을 권장하지만 아기가 젖을 찾으며 계속 운
다면 먼저 수유를 조금 해서 배고픔과 목마름을 일단 달래고
다시 이유식을 먹일 수도 있습니다.

Q 이유식과 수유를 함께 붙여 하는 이유는 뭘까요?

A 아직은 이유식을 한꺼번에 많이 먹지 못하므로 이유식만 먹여놓으면 금방 다시 수유를 해야 합니다. 뱃구레가 좀 더 커질 때까지는 이유식과 수유를 붙여서 진행하는 것이 수유간격을 일정하게 유지하는 데 도움이 될 수 있습니다. 이유식 초기에는 낮에 먹는 수유량도 줄이지 마세요.

7장

6~8개월(181~240일)

불리불안 대처
밤중 수유 중단
이유식 진행

6-8 months 생후 181~240일

• 불리불안 대처 • 밤중 수유 중단 • 이유식 진행

낮잠 횟수 2~3회
(낮잠변환기)

낮잠과 낮잠 간격
2시간 30분~3시간

수면

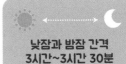
낮잠과 밤잠 간격
3시간~3시간 30분

총 낮잠시간 : 3시간~3시간 30분

통잠시간 (밤잠) : 9~10시간

밤잠시간 : 9~12시간

총 수면시간 : 12~15시간

낮 수유텀
4시간~4시간 30분

수유

총 분유 수유량 700~800ml

총 수유 횟수 4~5회
(밤중 수유 0회)

회당 모유수유 시간 : 10~15분

이유식 횟수 : 1~2회

이유식
(초중기)

회당 이유식 섭취량
100~150ml

자료 출처: 아기잠연구소

1 ——— 이제 통잠이 가능한 시기입니다

°¡ⓞ¡☆
☆°¡ⓞ 평균적인 성장과 발달을 잘 따라가고 있다면 드디어 밤 중 수유 없이 밤새 내내 통잠이 가능한 시기가 되었습니다. 물론 낮에 먹은 이유식과 수유량이 충분해야 하며 좋지 않은 수면습관이 없어야 하지만요. 이제는 분유나 모유로 섭취하는 칼로리보다 이유식으로 보충해야 하는 칼로리가 점점 더 많아져야 하므로 이유식 초기가 지났다면 횟수를 2회로 늘리면서 이유식 먼저하고 이후 수유를 하는 순서로 먹여보세요. 아직은 이유식과 수유를 완전히 따로 먹일 만큼 이유식량이 늘지는 않았을 것이므로 이유식을 먹인 후 바로 수유를 하도록 합니다.

만약 아직도 이유식을 시작하지 않았거나 초기 형태라면 서둘러 양을 늘려가고 흡수 가능한 범위 안에서 재료도 다양하게 해야 합니다. 특히 완전 모유수유를 하는 아기라면 더욱 그렇습니다.

낮잠이 3번에서 2번으로 줄어드는 때도 이 때입니다. 갑자기 늘자던 시간에 잘 안 자려고 한다면 낮잠 과도기를 생각하고 일과를 다시 조정해보도록 하세요.

심리적 발달로는 이 시기에 분리불안이 나타나게 됩니다. 주 양육자가 눈 앞에서 사라지면 불안해하면서 자지러지게 울어서 잠시도 아기 곁을 떠나기 힘든 어려움에 봉착할 수 있지만 낮에 더 많이 눈맞춤하며 놀아주고 그간 지켜왔던 수면규칙을 너무 크게 벗어나지 않으면서 기다리도록 합니다.

분리불안 극복하기

6개월 무렵이 되면 많은 아기들이 분리불안을 겪습니다. 정상적인 발달과정이지만 화장실까지 아기를 업고 들어가야 하는 경험을 하게 될지 모릅니다. 아기는 엄마가 눈앞에서 사라지면 영원히 못 볼 것처럼 느끼거든요.

아기의 기질에 따라 분리불안 시기를 눈치 채지 못할 만큼 가볍게 넘기는가 하면 오래 힘들어하는 아기도 있습니다. 하지만 양육자의 대처방법에 따라서도 이 시기가 더 수월하거나 더 어려울 수 있어요.

분리불안 시기에는 잘 자던 아기도 밤에 자다 깨서 엄마를 계속 찾을 수 있는데 발달에 따른 일시적이고 자연스러운 현상입니다. 성장과 발달에 문제가 없다면 낮에 안정되게 잘 놀아주면서 가능하면 재우는 원칙은 잘 지키도록 합니다.

아기가 자다 깨서 운다면 서둘러 다가가기보다 "엄마 여기 있어 아가야~" 하며 차분하고 다정한 목소리를 먼저 들려주세요. 아기들은 생각보다 엄마의 목소리로 빠르게 안정감을 찾는답니다.

엄마 목소리에 달래지지 않고 계속 운다면 곁으로 다가가서 더 안심을 시켜줍니다.

다만 분리불안과 함께 없던 수면문제가 발생했다면 오로지 재우는 상황에만 집중해서는 문제가 해결되지 않습니다. 낮 동안 더 많이 눈을 맞추며 잘 놀아주고 더 많이 안아주세요.

분리불안 극복에 도움이 되는 방법을 알아보도록 할까요?

쾌활하고 밝은 목소리로 아기를 안심시키기

화장실에 가기 전 미리 화장실 다녀오겠다고 말을 하며 화장실에 앉아서도 밝고 쾌활한 목소리로 계속 아기에게 말을 걸어 안심을 시킵니다. 양육자가 노심초사하고 불안해할수록 아기는 분리불안을 극복하기가 더 힘듭니다. 잠시 부엌에 갈 때도 아기에게 엄마가 부엌에 갔다 올 것임을 사전에 알려주도록 하며 아기의 불안이 심할수록 급히 서두르기보다 서서히 엉덩이를 띄는 것부터 차근차근 해봅니다.

여러가지 까꿍 놀이

사라졌다가 금방 다시 나타나는 놀이를 자주 해봅니다. 숨바꼭질도 좋지만 너무 빠르게 움직이는 것보다 천천히 움직여서 어디에 숨었는지 눈치 채게 한 후 아기가 엄마를 찾게 되면 아주 기쁜

표정을 보여주세요. 잘 기어다니지 않는다면 수건으로 엄마 얼굴이나 아기 얼굴, 장난감을 잠시 가렸다 보여주는 까꿍 놀이도 재미있습니다.

아기가 운다고 아기 몰래 나가면 절대 안 돼요

자기가 모르는 사이에 엄마가 사라진 경험을 하면 아기는 불안이 더 커집니다. 엄마가 잠시 나갔다 오겠다고 하면 그 순간 아기가 많이 울고 떼를 쓰겠지만 그래도 오히려 편안하고 밝은 모습으로 가볍게 인사하며 헤어지세요. 엄마의 불안하고 슬픈 모습에 아기는 더 많이 불안해합니다.

언제 돌아올 것인지 꼭 친절히 설명해주고, 약속한 시간에 돌아옵니다

아기에게 아직 시간 개념이 없다고 생각되더라도 아기에게 언제 돌아올 것인지 꼭 말해주고, 약속한 시간에는 돌아오세요. 단 30분 외출이라도 아기에게 30분 뒤에 돌아올 것임을 알려준 뒤 제 시간에 돌아온다면 아기는 엄마를 점점 신뢰하게 됩니다.

시판 이유식을 먹인다면

점차 시판 이유식을 먹이는 분들이 많아지고 있습니다.

이유식은 직접 만들어서 먹이는 것이 가장 좋지만 필요에 따라 시판 이유식을 먹이더라도 이유식 업체가 신뢰할 만한지 잘 확인해야 하며 재료와 분량이 아기의 성장과 발달에 적합한지 부모 스스로 잘 알고 있어야 합니다. 이유식 시작 후 변비나 알러지 등 문제가 생겨서 잠이 오히려 불편해지는 경우가 있으니까요.

대부분의 시판 이유식에 포함된 고기의 양은 아기의 필요량을 맞추기에 충분하지 않습니다. 만약 모유수유를 주로 하는 아기가 이유식을 제법 먹는데도 자주 배가 고파하고 잠의 질이 좋지 않다면 철분 부족을 꼭 고려해야 합니다. 이유식 안에 들어간 철분함유 재료 용량을 알아보아야 하고 질감이 너무 묽지 않은지도 확인할 필요가 있습니다.

뿐만 아니라 아기마다 이상반응을 보이는 재료가 다를 수 있으므로 현재 아기 이유식에 들어가는 재료가 무엇이며 언제부터 추가되었는지를 양육자 스스로 언제나 잘 파악하고 있어야 이상반응이 생겼을 때 바로 대처할 수가 있겠지요?

만약 이유식 시작 후 오히려 수면문제가 시작되었다면 수면습관뿐 아니라 이유식 재료 중 어떤 것이 아기를 불편하게 하고 있는지도 반드시 체크하세요. 이유식 시작 후 가장 흔한 문제는 변비인데, 배가 더부룩하면 먹는 양이 줄거나 뱃속이 불편해서 편히 잠들지 못하는 일이 생길 수 있습니다.

2 ——— 6~8개월(181~240일) 수면교육

✦ **수유(이유식) 간격 4시간 → 4시간 30분으로 늘려가기**

고형식을 먹으면 전보다 덜 배고파하므로 이제 낮 수유간격이 4시간 30분에서 5시간까지도 넓어질 수 있습니다.

이유식 양도 늘어서 회당 70~120ml까지도 먹을 수 있기 때문에 수유량이 조금 줄 수 있습니다. 다만 잠들기 전에는 보충 수유를 유지하는 편이 재우기 전 진정에도 도움이 되고 밤중 수유 중단에도 더 도움이 됩니다.

밤중 수유 완전히 없애기

아직 밤중 수유를 하는 아기들이 있을 수는 있지만 만약 지금도 2회 이상 밤중 수유를 한다면 다음을 생각해보세요.

우선 낮에 먹는 양이 충분했는지 잘 파악해봅니다. 낮 동안 먹는 양이 충분하지 않았다면 밤에 배가 고플 수밖에 없으므로 낮에 먹는 양을 늘리는 것이 밤중 수유를 해결하는 핵심입니다.

　다음은 먹으면서 자거나 젖을 물고 잠드는 불필요한 수면습관이 남아있는지 생각해봅니다. 아직 이런 수면연관 문제가 있다면 서둘러서 바꿔야 합니다. 이제 아기가 제법 자라서 먹을 때마다 만들어지는 소변양이 많으므로 젖을 먹으면 방광이 차고 기저귀가 젖으면 불편해서 잠에서 깨며 잠에서 깨면 다시 젖을 물어야만 잠이 드는 악순환이 생깁니다. 이런 악순환 때문에 출산 후 만 6개월이 지나도록 아직 밤잠을 못 잔다면 엄마의 육체적, 정신적 건강은 말이 아닐 것입니다.

밤중 수유 중단 시 주의해야 할 사항

- 잘 자고 있는 아기를 굳이 습관처럼 깨워서 먹이지 않습니다.
- 밤중 수유가 아닌 아침 첫 수유, 낮 수유 시 더 충분히 먹이려고 노력합니다.
- 밤중 수유를 끊는다고 해도 하루 총 수유량이 줄지는 않도록 합니다. (권장량 유지)
- 아기에게 건강 문제가 생긴다면 중단하고 담당의사와 상의합니다.

　습관을 바꾸려면 한동안 아기의 울음을 견뎌야 하겠지만 이제 더는 미룰 수 없으므로 마음을 단단히 먹고 작전을 시작하세요. 시작 3일이 가장 힘들 텐데 낮 동안 충분히 먹이고 규칙적 일과를 유지하며 잠들 때까지 젖을 물려놓은 행동만 하지 않으면 그렇게 어려운 일도 아닙니다. 일관되게 원칙을 지키면 일주일 안에 습관이 바뀔 수 있습니다. 아기의 저항이 너무 심하거나 엄마가 너무 지쳐서 원칙을 지키지 못한다면 아빠나 다른 가족 일원이 나서야 문제가 잘 해결됩니다.

낮잠이 줄어들고 있는 중이라면

많은 아기들이 6~8개월 사이에 두 번째 낮잠 과도기를 경험하게 됩니다. 낮잠 과도기때는 낮잠 횟수가 아기 컨디션에 따라 2번일 수도 있고 3번일 수도 있습니다. 낮잠 과도기라는 판단이 들고 낮잠이 자꾸 변할 때는 다음 두 가지를 지켜봅니다.

1. 마지막 낮잠과 밤잠 시작시간 간격은 꼭 비슷하게 유지하도록 합니다.

2. 총 낮잠 시간이 과도하지 않도록 조절합니다. 낮잠이 많아지면 상대적으로 밤잠 재우기가 어려워집니다.

- **낮잠이 2회일 경우** : 낮잠을 잘 연장해서 회당 낮잠 시간이 1시간 30분~2시간 정도가 되도록 하고 밤잠은 전보다 30분에서 1시간 정도 당겨서 재우세요. 낮잠 3을 안 잘 경우 며칠간은 아기가 피곤해할 수 있습니다.
- **낮잠이 3회인 경우**: 회당 낮잠 시간이 아무리 길어도 2시간을 넘지 않게 하면서 총 낮잠 시간을 3시간~3시간 30분에 맞게 조절해봅니다. 마지막 낮잠과 밤잠 시작시간의 간격은 최소 3시간 정도는 유지하는 것이 좋습니다. 밤 9시가 넘어가면 오히려 재우기 힘들기 때문에, 되도록 밤잠은 밤 9시 이전에 재우세요.

자는 도중 움직임에 대처하기

신체 움직임이 자유로워지면 잠들기 전이나 심지어는 자는 도중에도 기어가거나 일어나 앉는 일이 생깁니다. 아직 움직임이 완벽하지 않으면 자다가 엉겁결에 앉은 다음 다시 눕지 못해서 울기도 합니다. 많은 양육자들이 신체 움직임 때문에 깨는 것을 방지하기 위해 바디 필로우 등을 써보지만 이제는 이런 도구들로 움직임을 막기 어려울 뿐 아니라 때로는 움직임을 제한하는 것이 불편해서 짜증내다가 오히려 잠을 더 깨기도 합니다.

그보다 낮 동안 신체활동을 많이 시켜서 에너지를 충분히 사용할 수 있도록 해주는 것이 자다가 몸을 덜 움직이게 하는데 더 도움이 됩니다. 놀이처럼 앉았다 다시 스스로 눕기를 반복시키는 것도 좋습니다. 좋아하는 애착인형이나 물건을 가지고 이목을 끌면 앉아있는 아기가 눕도록 유도할 수 있습니다.

수면의식 후 잠들려 할 때마다 아기가 자꾸 몸을 이리저리 움직인다면, 스스로를 진정시키면서 편한 자세를 찾아가는 나름의 방식일 수 있으니 움직이다 다치지 않도록만 주의하면서 기다려주세요. 자다가 일어나 앉아서 울 때도 스스로 다시 누워 잠들 수 있도록 잠시 지켜봐주세요.

울음이 너무 거세져 잠이 깨버릴 것 같다면 그때는 조용히 아기 옆에 함께 누워보세요. 손을 잡아주거나 토닥이거나 안아주는 등의 행동은 오히려 잠을 더 방해할 수도 있습니다.

3 —————————— 무엇이든 물어보세요

Q 밤중 수유 1회만 하면, 10시간 정도 밤잠을 자던 아이인데 갑자기 밤에 엄마를 찾으면서 자주 깨요.

A 먼저, 불안한 것인지 정말 졸리지 않는 것인지를 구분해보세요. 일과가 규칙적이었고 낮잠이 많았던 것도 아니며 수면 의식도 잘해서 재웠다면 분리불안 시기가 되어서 불안 수준이 높아졌을지도 모릅니다. 분리불안은 자연스러운 아기 발달 과정이지만 잘 자던 아기가 밤에 깨서 엄마를 찾는 원인이 될 수 있습니다. 너무 불안해할 필요는 없으며 낮 동안 더 잘 놀아주고 아기의 불안이 커지지 않도록 주의합니다. 한동안은 밤에 깼을 때 엄마 목소리로 안정시켜주거나 너무 자주 깨서 울 때는 아기 가까이에서 가만히 누워있어야 할지도 모릅니다.

Q 낮 동안 아기 컨디션이 좋았는데 새벽에 자주 뒤척이고 깨요. 특히 새벽 4시가 넘어가면 자주 깨는데 어떡해야 하죠?

A 새벽 4시 이후에는 얕은 수면이 더 많아지므로 먼저 외부의 소음이나 자극이 최소화되도록 해주어야 합니다. 이때는 양육자의 가벼운 코골이, 뒤척이는 소리에도 아기가 잠이 깰 수 있습니다. 외부 소음을 막기 어렵다면 자연의 소리 등 백색소음을 틀어주는 것도 외부 소음에 의한 수면방해를 줄여줄 수 있습니다. 그리고 잠시 모르는 척 기다려보면서 스스로 다시 잠들도록 해보세요. 만약 금방 다시 잠들지 못한다면 별 일이 없는지만 가볍게 살펴보고 기저귀를 가는 등 필요한 일이 있다면 아주 조용하고 단조롭게 그 일만 해결해주고 엄마 자리로 돌아오세요. 최근에 먹는 양이 늘고 있었다면 수유를 해봐도 좋지만 이때도 조명을 최소한으로 해서 수유를 해야 합니다. 다만 아기가 배가 고파서 깼다고 느껴지면 다음날부터는 낮에 더 충분히 먹이도록 각별히 노력을 해야 밤중 수유가 다시 부활하는 것을 막을 수 있습니다.

Q 6개월이 되면 방 분리를 해도 될까요?

A 이제 스스로 다시 잠들 능력이 상당히 생겼으므로 아기의 수

면환경이 안전하다면 방 분리를 생각해볼 수 있습니다. 하지만 아직 영유아돌연사증후군 가능성이 완전히 사라진 것은 아니므로 전문가들은 대체로 돌 무렵 방분리를 권장합니다. 같은 방에서 자더라도 잠자리는 멀리 분리되어야 하며 같은 방에서도 서로 잘 보이지 않는 구조를 만든다면 나중에 방 분리하기가 수월할 수 있습니다.

방 분리를 한다면 안전을 확실하게 해야 하므로 잠자리가 너무 푹신하지 않도록 하고 아기가 움직임이 많다면 이불보다 수면조끼를 입히는 것이 도움이 됩니다. 아기 잠자리 주변에도 위험한 물건이 없는지 자세히 확인합니다.

방 분리 위험성 없애기

- 캠 설치
- 콘센트 마개 덮기
- 나와 있는 전선 정리
- 낮은 서랍은 잠그고 위로 기어오르거나 짚고 서지 못하게 하기
- 침대 안 안전성 확보 (두터운 이불 치우기, 아기가 떨어질 수 있는 공간 없애기)

Q 공갈 젖꼭지는 잘 물지 않고 자면서 손가락을 자주 빠는데 그냥 둬도 될까요?

A 손을 빠는 것은 정상적 발달 과정 중 하나이며 스스로를 진정시키는 좋은 방법이고 대부분은 자연스럽게 사라지므로 너무 걱정할 필요 없습니다. 대신 손가락 청결에 각별히 주의하고 잠잘 때 뿐 아니라 시도 때도 없이 빨지는 않도록 합니다. 심심한 시간이 많으면 더 손가락을 많이 빨고 오래 빨기 때문에 혼자 가만히 있는 시간이 없도록 잘 놀아줍니다. 놀아줄 때는 자연스레 손을 잡아주거나 장난감을 손에 쥐어주어 손가락을 빨지 않도록 해줍니다.

Q 아침 기상이 너무 빠른데, 괜찮을까요?

A 먼저 낮잠이 너무 많아서 정말 졸리지 않겠는지 생각해보세요. 낮잠이 권장보다 많으면 깨는 시간이 빨라질 수 있습니다. 반대로 너무 피곤한 상태로 잠이 들어도 자주 깨거나 일찍 깰 수 있으므로 잠이 부족한데도 일찍 일어난다면 밤에 재우는 시간이 너무 늦지 않게 하고 수면의식을 잘해서 재웁니다.

잠에 예민한 아기들은 새벽 이후에는 약한 자극에 의해서도 쉽사리 잠에서 빠져나오므로 별다른 이유 없이 자꾸 일찍 깨서 보챈다면 바로 수유를 하지 말고 주변 자극을 줄이면서 좀 기다려주세요. 그러나 만약 전날 밤 수유가 너무 빨라서 실제로 배가 고플 가능성이 있다면 조용히 먹이고 다시 눕힐 수도 있습니다. 아기가 깰 기미를 보이자마자 엄마가 아기 옆에 가만 누워만 있어주는 것도 다시 재우는데 도움이 됩니다.

 기상이 빠른 아기들을 위한 TIP

- 암막커튼을 이용해 새벽 햇살을 완전 차단합니다.
- 생활소음 때문에 잠이 깨는 것을 막으려면 자주 깨는 시간대에 백색소음이나 수면의식으로 썼던 자장가 등 음악을 활용해봅니다.
- 아기가 새벽에 깨더라도 심하게 울지 않는다면 10분 정도는 기다려봅니다.
- 아기 주변을 안전하게 해주고 혼자 뒹굴뒹굴 놀 수 있도록 해봅니다.
- 늘 깨자마자 아침을 먹인다면 일찍 배가 고파서 어김없이 깰 수 있으므로 아침 첫 수유나 식사를 조금 뒤로 미룹니다.

8장
8~12개월(241~360일)

편안한 수면의식
수면의식 방법
변화 고려

8-12 **months** 생후 241~360일

• 편안한 수면의식 • 수면의식 방법 변화 고려

낮잠 횟수 2회

수면

낮잠과 낮잠 간격
2시간 30분~3시간

낮잠과 밤잠 간격
3시간~3시간 30분

총 낮잠시간 : 3시간~3시간 30분

통잠시간 (밤잠) : 9~10시간

밤잠시간 : 9~12시간

총 수면시간 : 12~15시간

낮 수유텀
4시간 30분~5시간

수유

총 분유 수유량 600~800ml

총 수유 횟수 3~5회
(밤중 수유 0회)

회당 모유수유 시간 : 10분

이유식 횟수 : 2~3회

이유식
(중후기)

회당 이유식 섭취량
100~150ml

 낮잠 횟수 1~2회

 **수면**

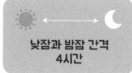 낮잠과 밤잠 간격 4시간

낮잠과 낮잠 간격 3~4시간

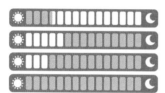

총 낮잠시간 : 3시간~3시간 30분

통잠시간 (밤잠) : 9~10시간

밤잠시간 : 9~12시간

총 수면시간 : 12~15시간

수유

총 분유 수유량 500~700ml

 총 수유 횟수 2~4회 (밤중 수유 0회)

 회당 모유수유 시간 : 5~10분

 이유식 횟수 : 3회 (하루 세끼처럼)

이유식 (후기)

 회당 이유식 섭취량 100~150ml

자료 출처: 아기잠연구소

1 —— 수면의식이 점점 중요해집니다

아기가 벌써 아장 아장 걷기 시작했을까요? 아직 걷지는 못해도 기어 다니는 속도가 제법 빠르지요? 이 시기는 사고를 정말 조심해야 합니다. 눈 깜짝할 사이에 다치거나 데이는가 하면 미처 치우지 못한 사이에 눈에 보이는 대로 아무 것이나 입에 넣어버려 엄마 아빠 심장을 정말 철렁하게도 만듭니다.

하지만 이제 빠이 빠이, 안녕도 할 줄 알고 말도 조금씩 따라하면서 간단한 심부름까지 하나요? 아기 자랑하랴 다치지 않게 따라 다니랴 엄마 아빠가 이래저래 바쁜 때입니다.

우리나라는 국가 영유아검진 제도가 잘 되어 있고 병원 문턱이 비교적 낮아서 대부분의 양육자들이 아기의 기본적인 성장, 발달을 주기적으로 잘 체크하고 있을 것입니다. 다만 혼자 서기, 걷기 등 대근육 발달 뿐 아니라 엄지와 검지 두 손가락으로 물건을 잡는 소근육 발달이나 원하는 것을 손가락으로 가리키는 인지발달도 이 시기에 완수해야 하는 아주 중요한 발달과정임을 잊지 않고 잘 눈여겨보도록 합니다.

190

지금쯤이면 대부분의 아기들이 낮잠을 두 번 잘 텐데 기상 후 2시간쯤 지나서 자는 첫 번째 낮잠은 비교적 재우기가 쉬운 반면 오후 낮잠은 타이밍을 놓치면 재우기가 쉽지 않습니다. 첫 번째 낮잠에서 깬 뒤 2시간 반쯤이 지나면 졸려하지 않아도 재울 채비를 하면서 아기를 지켜보세요. 특히 밤잠 재우는 시간은 늦어질수록 아기가 자다가 깰 가능성이 높아지므로 너무 늦게 잠자리에 들지 않도록 아주 주의합니다.

이 시기에 대비하고 있어야 할 가장 큰 수면문제는 아기가 잠을 억지로 버티는 것입니다. 피곤하니까 온갖 짜증을 부리면서도 도무지 눕지를 않으려고 하거나 오히려 더 부산하게 돌아다닐 수도 있습니다. 이제 혼자 서는 정도의 발달 단계 아기들 중에서는 자다가 벌떡 일어나서 다시 앉지를 못하겠다고 침대 난간을 붙잡고 엄마를 부르며 우는 일이 벌어지기도 합니다. 이런 수면문제를 예방하려면 가장 중요한 것은 **일과를 규칙적으로 보내는 것과 수면의식을 잘해서 재우는 것**입니다. 적절한 수면의식이 있어야 몸과 마음이 진정되고 이완되면서 보다 쉽게 잠이 들 수 있으니까요.

만약 일어난 뒤 다시 눕지를 못해 우는 것 같다면 조용히 다가가 가만히 눕혀주기만 하고 말을 걸지는 않습니다. 낮 동안 일어났다 스스로 앉는 연습을 꾸준히 시켜주는 것도 조금은 도움이 됩니다.

또 놀이 공간에서는 차분하게 잠을 자기가 어려우므로 수면공간과 놀이공간이 반드시 분리되도록 하는 데도 신경을 써야 합니다. 만약 따로 침실을 두기 어렵다면 방을 놀이 공간과 수면 공간으로 분리하거나 수면 텐트 등을 사용하는 것도 좋습니다.

2 ——— 8~12개월(241~360일) 수면교육

수면의식에 집중하기

지금은 낮 놀이와 저녁 수면의식을 꽃 피워야 할 시기입니다. 낮에는 신체 놀이를 통해 충분히 에너지를 발산하게 해주며 재우기 전에는 수면의식을 통해 차분히 진정과 이완의 시간을 가지도록 하는 것입니다.

저녁 식사가 끝나면 집안을 전반적으로 어둡게 하고 잔잔한 음악을 트는 등 전체적으로 분위기를 다운시켜 잠잘 시간임을 느끼게 해주세요. 놀이를 한다 해도 정적인 놀이를 하도록 하며 눕혀놓고 베이비 마사지 해주기, 함께 누워 책읽기 등이 심신 이완에 도움이 많이 됩니다.

수면의식은 20~30분 정도가 적당하며 너무 짧아도 충분히 이완되기 힘들지만 지나치게 긴 수면의식은 자칫 놀이로 인식해서 오히려 잠을 깰 수 있으므로 주의합니다. 정해진 수면의식 시간이 끝나면 아기가 아직 잠이 안 들었더라도 아기에 대한 반응을 최소한으로 줄여야 합니다. 그러려면 먼저 방을 잘 정리해서 아기가 혼자

기어다녀도 위험한 일이 발생하지 않도록 해 놓아야 하겠고요.

만약 지금까지의 해오던 수면의식이 아기를 진정시키는데 별 도움이 되지 않는다고 느껴지면 방법을 바꾸는 것도 고려해봅니다. 특히 지금은 언어 발달이 폭발적으로 일어날 수 있는 시기이고, 아기가 다양한 동물이나 사물이 나오는 책에 관심을 보일 수 있으므로 수면의식으로 책 읽는 습관을 만들기 아주 좋은 시기이기도 합니다.

편안하고 행복한 수면의식으로

만약 그동안 수면의식을 제대로 하지 않았다면 아마 점차 재우기가 힘들어질 수도 있습니다. 자는 것이 싫은 아기는 수면의식 자체를 싫어하면서 아예 눕기조차 거부할지도 모릅니다. 그래서 수면의식 시간을 재우기 위한 우격다짐의 시간이 아니라 아주 편안하고 행복한 시간으로 만들기 위한 고심이 필요합니다.

아기가 수면의식 시간을 좋아하고 은근히 기다리도록 만들어보세요. 사실 시간 배분에 따라서, 또 마음 먹기에 따라서 아기랑 함께 누워서 뒹굴거리는 느긋한 시간이 엄마 아빠에게도 아주 행복한 시간이 될 수 있거든요.

낮잠을 잘 안 잔다면

성장과 발달이 빠르고 밤잠을 11시간 이상 충분히 자는 아기라면 벌써 낮잠이 1회로 줄어듭니다. 오후 낮잠을 재우려고 해도 잘 안 자거나 낮잠 들기까지 시작이 너무 걸리고 낮잠을 재우는 것이 밤잠에 영향을 주고 있다면, 좀 이른 감은 있지만 낮잠을 1회로 줄이고 밤잠 시작시간을 좀 더 당겨보는 시도를 해봐도 좋습니다.

다만, 아기의 컨디션을 위해 아직은 낮잠 2회가 더 바람직하므로 오후 낮잠은 아직 짧게라도 재우는 것이 더 좋습니다. 18개월쯤이 되면 대부분의 아기들이 자연스럽게 낮잠을 한 번 자게 됩니다.

실컷 재우기 (재설정)

꽤 오래 전부터 수면문제가 지속되어 왔고 수면부족 때문에 짜증이 심하다면 엄마도 아기도 피곤한 상태라서 어떤 수면교육도 힘들 수 있습니다. 이럴 때는 며칠 동안 온 가족이 다 함께 늘어지게 자는 기간을 가져봅니다. 며칠 동안 많이 자고 나면 양육자도 아기도 스트레스 수준이 낮아지면서 제대로 된 수면교육을 시도할 수 있게 되고 차차 그동안의 좋지 않은 수면습관을 바꿔갈 수 있게 됩니다. (출처: 마크 웨이스블러스《잠의 발견》)

이유식 진행하기

9개월 무렵이 되면 이제는 수유간격이 아닌 이유식 간격이 일과를 조절하는 키입니다. 이유식은 어른 식사처럼 하루 세끼로 먹이고 이유식의 농도도 진밥에 가까워져야 합니다. 모유나 분유는 이유식과 동시에 먹이는 것이 아니라 따로 간식처럼 먹이도록 합니다. 이유식은 회당 120~150ml 까지도 먹을 수 있으며, 분유/모유는 대략 하루에 600~700ml 정도 먹지만 이유식을 잘 먹는다면 하루 500ml 정도의 분유/모유로도 충분합니다. 모유나 분유를 너무 많이 먹으면 이유식을 덜 먹으므로 많아도 700ml는 넘기지 않도록 합니다. 하지만 만약 돌 무렵에 벌써 낮잠이 1회로 줄면서 밤잠 시작시간이 당겨졌다면 총 수유량이 너무 적어질 수 있으니, 낮 동안 중간중간 수유를 해서 먹는 양이 줄어들지 않도록 주의합니다. 수유는 낮잠이나 밤잠 30분에서 1시간 전에 하면 편안하게 재우는데 도움이 됩니다.

이유식을 많이 먹기 시작하면 수분 섭취가 그만큼 줄어 변비가 생기기 쉬운데 변비가 있으면 배가 불편해서 덜 먹고 잠을 설치는 일까지 생기므로 이 시기 변비는 적극적으로 관리해주어야 합니다.

 변비에 도움이 되는 음식 vs. 좋지 않은 음식

이유식 사이사이 물을 많이 먹이고 푸룬을 함유한 이유식 제품도 고려해볼 수 있습니다. 잘 익은 바나나나 자두, 키위도 변비에 도움이 되지만 키위는 알러지의 위험이 있습니다.
반면 유제품(치즈, 요거트)이나 노란 채소(단호박, 당근) 또는 퓨레 등의 형태로 사과를 익혀 먹이는 것은 변비에 해롭습니다.

공갈젖꼭지 vs. 애착물건

잠들기 위해서만 공갈젖꼭지를 필요로 한다면 만 2세까지는 사용해도 걱정할 필요 없습니다. 하지만 중이염을 자주 앓는다거나 공갈이 입에서 빠지기만 하면 깨서 울어 엄마가 공갈젖꼭지 셔틀이 되어야 하는 경우에는 바로 단호하게 중단해야 합니다.

공갈젖꼭지를 끊을 때는 천천히 사용시간을 줄이는 것보다 단박에 끊는 방법이 훨씬 효과적입니다. 며칠 동안은 심하게 울면서 공갈젖꼭지를 찾겠지만 일관성을 잃지 않는다면 공갈젖꼭지 수면연관을 없애는 것은 생각보다 쉽습니다. 월령이 높아질수록 공갈젖꼭지를 끊기가 더 어려워지므로 9개월에서 12개월 사이를 공갈젖꼭지 중단의 적기로 봅니다. 도저히 끊지 못하겠다면 울 때마다 엄마가 바로 물려주며 재우기보다는, 낮 동안 아기가 공갈을 찾아 무는 연습을 시켜보세요. 좀 지나면 아기가 스스로 입에서 빠진 공갈젖꼭지를 찾아 물고 다시 잠들 수 있을지 모릅니다.

공갈젖꼭지를 대신할 애착인형이나 이불을 만들어주는 것도 아주 좋은 방법입니다. 새로운 애착물건에 적응을 시킬 때는 우선 아기가 좋아할 만한 물건을 자꾸 곁에 놓아주어 아기가 마음을 붙이도록 의도적으로 도와줍니다. 아기는 엄마 냄새를 좋아하므로 며칠 간 엄마가 품에 지니고 있다가 건네주면 쉽게 애착물건이 되기도 합니다.

애착물건을 가진 아기는 잠 잘 때도 애착물건과 함께하면 훨씬 편안해합니다.

이사나 휴가 계획이 있다면

잠 연관 신호를 미리 익숙하게 만들어두고 바뀐 환경에서도 집에서와 같은 잠 연관 신호를 이용하면 예민한 아기들을 재우기가 좀 더 쉽습니다. 조용한 특정 음악이나 인형, 아기가 덮고 자는 담요, 잘 때 뿌리는 특별한 향 등이 잠 연관 신호가 될 수 있습니다.

자주 아픈 아기라면

6개월 즈음이 되면 엄마에게 받은 면역이 줄어들어서 감기에 걸리는 등 전보다 자주 아플 수 있습니다. 아무리 수면교육의 원칙이 중요하다고 아기가 아플 때도 예외 없이 해야 하는 것은 아닙니다.

하지만 아주 많이 아프지 않다면 규칙적 일과나 수면의식 등의 중요한 원칙은 여전히 지킬 수 있으므로 가벼운 감기로 수면교육의 원칙을 완전히 흩트려 다시 원점으로 돌아가는 것은 조심합니다.

방 분리

아직 아기와 같은 방에서 자고 있다면 이제 아기를 다른 방에서 재울 준비를 해봅니다. 우리나라는 서구에 비해 훨씬 오래까지 아기를 데리고 함께 자는 문화입니다. 하지만 적어도 돌 무렵부터는 아기가 자기만의 침실에서 자는 것이 부모와 아기 모두의 수면에 훨씬 유리합니다. 만약 아기와 다 함께 자도 가족 모두의 수면에 별 문제가 없고 오히려 부부의 마음에 안정을 준다고 하면 오래도록 데리고 자도 괜찮습니다. 그러나 부부 중 한 사람이라도 아기와 함께 자는 것을 원하지 않거나 아기가 원하니 힘들어도 어쩔 수 없다는 마음으로 함께 자는 것이라면 이제는 적극적으로 방 분리를 생각해야 합니다. 어른이나 아기나 잠을 잘 자는 것이 심신의 건강에 너무나 중요한 일이며 대부분의 사람은 혼자 자야 깊게 잘 수 있기 때문입니다.

방 분리를 하기로 마음을 먹었다면 우선 아기가 잘 방을 편안하게 꾸미는 것부터 시작해보세요. 촉감 좋은 이불이나 애착물건을 미리 미리 준비한다면 새로운 잠자리에 대한 거부감을 없애는 데 조금은 도움이 될 수 있어요. 낮 놀이 시간에도 아기 방을 자주 탐색하게 해주거나 "이제부터 여기에서 잘 거야~"라고 편안하고 다정하게 말해주며 잘 자는 낮잠부터 분리된 아기 방에서 재우는 연습을 해보는 것도 좋습니다.

한동안은 재울 때 아기 방에서 이부자리만 분리한 채로 엄마가 함께 있어 주는 것도 좋습니다. 아기가 잘 자면 며칠 후에는 아기가 잠이 푹 든 뒤에 나오도록 하고요. 아기의 월령이나 엄마와 아기의 기질에 따라 조금씩 다를 수는 있지만, 아기를 일찍 재우고 빨리 벗어나려는 시도를 너무 일찍 해서는 안 됩니다. 아기가 알아챌 만큼 티를 내서도 곤란합니다.

방 분리를 성공적으로 하기 위해 가장 중요한 것은 낮잠을 충분하게 재우고 밤잠을 너무 늦게 재우지 않으며 수면의식을 충분히 하는 등 잘 재우기 위한 원칙을 더욱 철저히 지키는 것입니다.

방 분리 이전에 이부자리 분리가 잘 되어 있을수록 방 분리 성공이 쉽습니다.

분리불안이 있거나 발달적 변화가 큰 시기, 환경 변화가 있는 기간에 갑자기 방 분리를 하는 것은 별로 추천하지 않습니다. 아기의 컨디션이 좋고 심리적으로 안정된 상태에서 방 분리 시도를 하도록 합니다.

혼자 재울 때 주의

아기가 잡고 설 수 있고 자칫 무게 때문에 앞으로 넘어갈 수 있는 범퍼침대는 추천하지 않습니다. 아기 침대 주위에 직접 가드를 설치할 때면 아기가 잡고 일어섰을 때 앞으로 넘어가지 않을 정도의 높이로 조절 가능한 것이 좋습니다.

Q 분명히 졸려 해서 낮잠을 재우려고 눕혔는데 버팅기고 뒹굴기만 하면서 자지를 않습니다. 어떻게 해야 할까요?

A 낮잠 재우기 시도는 되도록 30분을 넘기지 않는 것이 좋습니다. 만약 30분이 지나도 전혀 잠이 들 기미가 없다면 억지로 재우려고 하기보다 이번 잠은 건너뛰고 다음 잠 시간을 30분 정도 당겨 좀 더 길게 재워보는 것이 낫습니다. 낮잠은 변수가 많아서 매일 똑같이 잘 자기 어려울 수 있으니 아기의 컨디션을 잘 살피면서 유동적으로 대처해보세요.

낮잠 거부 원인

- 깨어 있는 시간이 충분치 않았는데 잠 재우기를 시도했을 때 (타이밍)
- 너무 오래 깨어 있었거나 외출 등으로 자극이 과했을 때

- 지나친 잠 강요로 잠 자체를 싫어하게 된 아기
- 배고플 때

Q 아기가 이유식을 잘 먹지 않아요. 그러다 보니 밤에 수유를 하게 되는데 이유식을 잘 먹이려면 어떻게 해야 하나요?

A 우선 밤에 먹였기 때문에 낮에 덜 먹는 것은 아닌지 먼저 생각해봅니다. 하루 동안 먹은 양이 권장량보다 부족하지 않다면 밤에 먹은 양이 많아서 낮에 안 먹을 수 있거든요. 먹는데 별로 관심이 없는 아기일수록 먹는 일로 지나치게 압박감을 주면 점점 더 먹는 것에 흥미를 잃게 되므로 너무 강요하지 않아야 합니다. 대신 엄마 아빠가 맛있게 먹는 모습을 보여주고 아기가 잘 먹을 때 긍정적인 반응을 보여주세요. 또 이유식의 재료, 음식의 색깔이나 질감, 그릇의 모양 등에 따라서도 아기의 반응이 달라질 수 있으므로 변화를 주어보세요. 먹는 양이 지나치게 적을 때는 전문의와 상의가 필요합니다.

Q 밤중 수유를 끊기 위해서 밤에는 젖병에 물을 담아줘도 될까요?

A 밤중 수유는 끊어야겠는데 아기의 울음은 두렵다보니 분유

나 젖 대신 물을 먹이는 분들이 있습니다. 밤에 물을 먹이는 것은 치아에 미치는 영향을 제외하고는 밤중 수유를 하는 것과 별로 다를 바가 없습니다. 밤중 수유의 큰 문제점 중 하나가 소변을 자주 마렵게 해서 깊은 잠을 방해하는 것인데 물을 먹이는 것도 마찬가지입니다. 또한 날마다 자면서 물을 찾는다면 대부분은 물을 원해서가 아니라 젖병 꼭지를 빨기 위함이므로 젖꼭지 수면연관이라는 좋지 않은 수면습관에 다름 아닙니다. 설사 젖병이 아니라 해도 밤마다 비슷한 시간에 물을 찾는 것은 서둘러 고쳐야 하는 습관입니다.

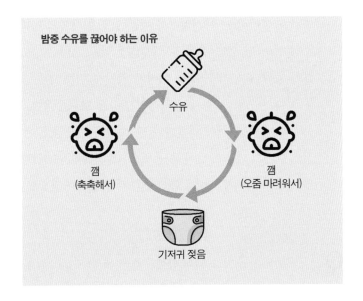

밤중 수유를 끊어야 하는 이유

수유

깸
(축축해서)

깸
(오줌 마려워서)

기저귀 젖음

Q 11개월 아기에요. 낮잠을 잘 안 자려고 하는데 차라리 1회로 줄이면 어떨까요?

A 아직까지는 낮잠 2회가 적당한 월령입니다. 낮잠을 재우기 어렵다면 낮잠이 줄어드는 과도기인지 낮잠을 안 자려고 하는지 판단이 먼저 필요합니다. 아이의 컨디션에 따라 1회로 줄일 수도 있지만 2회가 더 적당합니다. 목표 낮잠 시간이 되어도 잠을 자지 않으려고 끝까지 버틴다면 잠자는 장소에서 충분한 휴식을 취한 후 밖으로 나와도 좋습니다. 하루 총 수면시간이 부족하지 않고 아기의 낮 컨디션이 괜찮다면 낮잠을 짧게 2회 자는 것도 괜찮습니다.

Q 아직도 젖을 물고 자는 습관이 있는 아기들은 어떻게 개선할 수 있을까요?

A 아직도 젖을 물고 자려고 한다면 좀 더 강경한 대응이 필요할 수 있습니다. 젖을 찾느라 깊은 잠을 못 자는 것은 물론이고 자꾸 방광이 차는 것도 숙면을 방해합니다. 또한 밤에 먹었기 때문에 낮 동안 이유식을 덜 먹게 되어 식이습관 문제로 이어질 수 있습니다. 물론 이미 올라온 유치에 충치가 생길 수 있음도 빼놓을 수 없는 걱정입니다.

습관을 바꾸려면 우선 먹다가 잠들지 않도록 해야 하므로 마지막 수유 시간을 너무 졸리지 않는 시간으로 좀 당기면 먹다가 잠드는 것을 예방할 수 있습니다. 수유 후에는 잠자리에 눕혀 수면의식을 한 후 스스로 혼자 잠들 수 있게 합니다. 아기가 잘 알아듣지 못하더라도 수면의식을 시작할 때 이제부터는 젖을 물고 자지 않을 것이라고 말해줍니다. 그리고 밤에 자다가 깨서 젖을 찾으면 아무런 반응을 하지 않고 두어야 합니다. 엄마가 아기와 다른 방에서 자는 것도 경우에 따라 필요합니다.

 젖 물고 잠드는 습관 고치기

이부자리를 멀찍이 분리하기 : 만약 아기와 같은 침대나 같은 이부자리에서 자고 있다면 서둘러 잠자리를 멀찍이 분리합니다. 아기 가까이에서 잘수록 우는 아기에게 젖을 물리지 않고 견디기가 그만큼 어렵습니다. 아기의 입장에서도 바로 옆에서 엄마 젖냄새가 나면 포기할 수가 없겠지요.

배우자 도움받기 : 젖냄새가 나지 않는 사람이 아기를 재우면 습관을 바꾸기가 좀 더 쉽습니다. 며칠 동안만이라도 배우자의 도움을 받을 수 있다면 마지막 수유 후 엄마는 다른 방으로 가고 수면의식부터 아빠가 책임집니다. 처음에는 저항을 하겠지만 젖물림 수면습관을 바꾸는 것은 너무나 중요한 일이므로 망설이지 말고 시작하세요. 사실 일관되게 노력하면 그리 어렵지도 않은 일입니다.

Q 밤잠을 재우려고 하는데 잠거부가 심해요. 아예 눕지를 않으려고 하고, 오히려 더 총총해 보이는데 어떻게 해야 할까요?

A 놀이와 이완의 균형을 잘 맞춰주세요. 행동반경이 넓어지고 에너지가 많아지면 낮 동안 충분히 몸을 움직이지 못할 경우 잠들기 전 잠자리 주변을 잡고 서거나 몸을 이리저리 많이 움직이게 되어 잠드는 것에 방해가 되기도 합니다. 낮 동안 몸을 많이 움직여 에너지를 쓸 수 있게 해주고 다만 잠들기 직전에 신나는 놀이는 오히려 잠을 방해할 수 있으므로 늦은 오후부터는 차분한 놀이를 하며 놀도록 해주세요. 또 수면의식을 통해 아기를 진정시켜야 잠들기가 쉬워지는데 아기가 아예 눕지를 않으려고 한다면 그동안 해왔던 수면의식이 아기에게 즐겁지 않은 기억으로 남아있을 가능성이 높습니다. 아기를 가만히 누워 있도록 할 수 있는 수면의식 방법을 다시 마련해보세요.

9장
13~24개월

한계를 잘 알려주는 훈육
재접근기

13-24 months

• 한계를 잘 알려주는 훈육 • 재접근기

낮잠 횟수 1~2회

낮잠과 낮잠 간격
4~5시간

수면

낮잠과 밤잠 간격
4~6시간

총 낮잠시간 : 1시간 30분~ 3시간
통잠시간 (밤잠) : 9~10시간
밤잠시간 : 9~11시간
총 수면시간 : 11~14시간

총 우유 섭취량
300~500ml

우유

총 섭취 횟수 2회
(밤중 수유 0회)

유아식 횟수 : 3회

유아식

유아식 간격
5~6시간

자료 출처: 아기잠연구소

1 ──── 일관된 양육행동이 중요합니다

이제는 아기의 행동반경도 넓은 데다 자기 주장과 고집이 상당해서 다루기가 쉽지 않을 것입니다. 엄마 아빠는 "안 돼!" "하지 마" "위험해" 라는 말을 달고 살게 되지만 이미 자기 주장과 고집이 생긴 아기는 말을 잘 듣지 않지요. 맨날 잠을 안 자고 더 놀려고 버텨서 매일 밤 실갱이를 할지도 모르겠습니다. 재우려고 전등을 끄면 스스로 다시 켜버리는가 하면, 엄마가 자리에 누우면 아예 방 밖으로 나가버리는 아기도 있을지 모릅니다.

재우기가 이렇게 어려워지면 "자자" "자야 할 시간이야" 라고 말하기보다 아기를 눕힐 수 있는 다른 효과적인 방법을 찾아야 합니다. 수면의식이 잘 되어 있다면, 함께 누워 책을 읽자고 유도하거나, 오늘 있었던 이야기를 도란도란 들려주는 것도 도움이 됩니다. 아무래도 도무지 눕지 않을 때는 한참 동안 꼭 안고 책을 읽어주거나 이야기를 들려주다가 조금 힘이 빠지면 눕히는 것이 효과적일 수 있습니다.

만약 지금까지 했던 수면의식 방법이 오히려 흥분을 유도하거나 도무지 효과가 없다고 느껴진다면 **수면의식의 순서와 진행 방식을 완전히 바꿔야 할 수도 있습니다.**

잘 재우기 위해서 규칙적 일과는 여전히 중요하지만 이제 **단호하고 일관된 양육행동이 못지않게 중요합니다.** 이제부터는 잠자리에서 문제 행동이 있다면 **서서히 접근하기보다 단번에 중단시키도록 해야 성공 가능성이 오히려 높습니다.**

점차 지능이 발달하므로 상당한 잔꾀를 부리기도 하는데 때로는 피곤해서, 때로는 너무 귀여워서 마음이 약해지기도 하겠지만 한 번 아기의 전략에 넘어가면 지금까지의 노력이 수포로 돌아갈 수 있으므로 늘 주의합니다.

아이가 자주 구사하는 전략 중 하나가 물-쉬-똥 입니다. 수면의식이 끝나면 갑자기 목마르다, 소변이 마렵다, 똥 싸고 싶다 등 나름 다양한 아이디어로 잠을 자지 않을 이유를 만드는 거죠. 핑계인지 진짜인지 잘 구분할 수 있어야 하지만 만약 판단이 어렵다면 한번쯤은 아이의 요구를 허용해주되 그 이상은 안 자려는 전략일 가능성이 높으므로 단호한 대처가 필요합니다.

젖병 사용 중단하기

돌부터는 젖병 사용을 완전히 중단하도록 합니다. 계속 젖병을 사용하면 충치 우려도 크려니와 분유나 우유 섭취가 과도해져서 식사 습관이 나빠질 수 있고 또 기저귀가 자주 젖어 밤중에 깨는 이유가 될 수 있습니다. 컵을 잘 사용할 줄 모른다면 연습이 부족해서일 것이므로 사용이 편한 컵으로 반복 연습을 시켜서 모든 액체를 다 컵으로 마시도록 합니다.

돌이 되었고 성장에 문제가 없다면 이제 분유 대신 생우유를 먹입니다. 하루 3끼 식사로 열량을 채우고 2회 정도에 나누어 총 400~500ml 정도의 생우유를 간식으로 보충해주면 가장 좋습니다. 생우유를 거부한다면 미지근하게 데워 조금씩 먹여보아도 좋고 우유를 줄이는 대신 유제품으로 보충을 해주어도 좋습니다.

아기의 체중이 적어서 열량이 더 높은 분유를 아직 먹여야 하는 경우에도 우유병이 아닌 컵으로 먹입니다. 체중증가가 매우 늦다면 분유 대신 생우유에 칼로리 보충제를 타서 먹이는 방법도 있습니다.

생우유는 절대 안 먹고 분유만 먹는다는 하소연을 하는 분들이 많은데 대부분은 생우유 맛이 싫어서라기보다 분유는 젖병으로 주고 생우유는 컵으로 주기 때문일 수 있습니다.

2 ——————— 13~24개월 수면교육

지금은 낮잠이 2회에서 1회로 줄어드는 낮잠 과도기입니다. 낮잠 1회로 오후를 기분 좋게 버티기 힘들다면 두 번으로 쪼개서 재우는데, 두 번 재운다면 오전, 오후 각 1시간~1시간 30분 정도가 적절합니다. 다만 주의할 점은 마지막 낮잠 후 밤잠 시작까지 4~5시간 정도는 깨어 있어야 밤잠을 재우기가 쉽다는 것과 총 낮잠 시간이 2~3시간을 넘어가면 밤잠에 영향을 줄 수 있다는 것입니다.

본래 잠이 적고 낮잠을 한 번만 자기 시작했다면 점심 전에 낮잠을 자면서 밤잠을 일찍 잘 것입니다. 하지만 점차 낮잠 시간이 뒤로 조금씩 밀리면서 밤잠 시간이 회복됩니다.

낮잠 과도기에는 매일 일과가 같기는 어렵습니다. 컨디션에 따라 낮잠의 횟수를 유동적으로 하고, 마지막 낮잠 시간과 밤잠 시작시간의 간격만 잘 유지한다면 밤잠 재우는데 큰 문제를 겪지 않습니다. **대부분의 아기는 18개월이 되면 낮잠을 한 번만 자게 됩니다.**

수면의식 변화시키기

이전에 수면의식을 하며 읽어주던 책에 아기가 더 이상 관심을 보이지 않을지 모릅니다. **아기가 주인공이 되도록 책을 고쳐 읽어주거나 아예 아기 이름이 들어간 동화책을 만들어보세요.** 동화책에는 잠자리 전 준비과정을 순서대로 그려 놓고, 주인공의 얼굴에는 아기의 사진을 붙여줍니다. 매일 저녁 아기와 함께 그 동화책을 읽게 되면 아기는 즐거워하며 동화책에 적힌 대로 해보려고 할 수 있어요.

재우려고 하면 짜증을 부리면서 아예 자는 방에 들어가려고 하지를 않는다면 잠자리에 변화를 줘보는 것도 고려해보세요. 아기가 좋아하는 캐릭터 이불 등으로 이부자리를 바꾸는 것도 좋습니다.

잊지 말아야 할 것은 수면의식은 잠을 재우기 위한 우격다짐의 시간이 아니라 오늘 하루를 마무리하며 아기와 함께 보내는 편안하고 행복한 애착 강화의 시간이라는 점입니다.

해도 되는 것과 안 되는 것의 한계를 명확히 알려주기

이제는 아기를 훈육해야 할 때입니다.

하지만 아기가 고집이 세지고 잔꾀도 제법 부리기 때문에 부모가 원하는 대로 이끌기가 여간 어려운 것이 아닙니다. 그렇다고 아기가 원하는 대로 끌려갔다가는 점차 더 큰 어려움에 봉착하게 되고 말 것이 불을 보듯 뻔합니다.

아기는 아직 어려서 자신의 행동이 가져올 결과에 대해서는 이해하지 못하고 현재의 재미만을 취하려고 하므로 **엄마 아빠가 아기**

에게 해도 괜찮은 일과 하면 안 되는 일 사이의 한계를 확실하게 정해주어야 합니다.

양육자가 정한 한계를 아기가 제대로 인지하고 따르도록 하려면 가장 우선시 되어야 하는 것이 지시가 명확해야 하며 일관되어야 한다는 것입니다. 재울 때도 마찬가지입니다. **잠자리에서 해도 되는 행동과 하면 안 되는 행동의 한계를 말로, 표정으로, 몸짓으로 명확하게 알려주고 단호하고 일관되게 지키도록 합니다.** 다만 단호함을 사납고 거친 것으로 오해하면 곤란합니다. 부드러운 표정과 말투로도 얼마든지 단호하고 일관될 수 있습니다.

자꾸 물을 달라고 할 때

아기들은 자지 않으려는 핑계를 배고프고 목마른 것으로 삼을 때가 많은데 이는 허용해서는 안 되는 행동입니다. 간식은 잠자리에 들기 1시간 전에 먹도록 하고 아무리 떼를 써도 잠자리에서 우유, 주스 등을 하염없이 주지 않습니다.

한계를 명확히 하되, 표현은 긍정적으로 하도록 연습하세요

동화책을 계속 반복적으로 읽어달라고 요구하면 "안 돼!" 라는 부정적인 말 대신 "그럼 엄마가 두 번 더 읽어줄게" 라고 긍정의 멘트를 날리고 대신 세 번 이상은 절대로 읽어주지 않습니다. 더 읽어달라고 떼를 쓰면 못 들은 척 무시하면서 가만히 기다려보세요.

바람직하지 않은 행동을 바꾸는 것은 무관심입니다

아기의 울음과 저항은 생각보다 거셉니다. 발을 차고 데굴데굴 구르며 머리를 바닥에 부딪치거나 악을 쓰며 울기도 해서 이겨내기가 쉽지 않습니다.

하면 안 되는 행동에 대한 가장 강력한 메시지는 무반응입니다. 화도 내지 말고 달래려고도 하지 말고 제풀에 지칠 때까지 그대로 두세요. 해서는 안 되는 행동에 대한 무관심과 바람직한 행동에 대한 칭찬이 일관되고 단호하게 함께 가면 아기의 행동은 달라집니다.

습관적 수면행동 바꾸기

잠을 잘 때 습관적인 행동이 아직도 엄마와 아기를 힘들게 한다면 서둘러 바꾸어야 합니다. 잠들기 위해서 엄마 배를 베개 삼아야만 하는 18개월 아기를 예로 들어볼까요? 숨을 쉴 때마다 움직임이 생길 수밖에 없는 엄마 배를 베고 자는 것은 엄마뿐 아니라 아이에게도 꽤 불편한 일로 두 사람 모두의 수면에 큰 방해가 되므로 지금 엄마가 취해야 할 행동은 아이가 얼른 다시 잠들도록 기꺼이 자기 배를 내어주는 것이 아니라 엄마 배를 베고 자는 것은 허용되지 않는다고 한계를 정확하게 알려주는 일입니다.

이제 말을 알아들을 수 있으므로 네가 엄마 배를 베면 엄마가 너무 불편하니까 네 베개를 베고 자라고 먼저 말해줍니다. 아이와 눈을 맞추고 말을 해야 의사전달이 잘 되며 부드럽지만 단호하게 말합니다. 기분 좋을 때 말하면 대답은 하겠지만 잘 때가 되면 분명히 전처럼 엄마에게 다시 다가오려고 할 것입니다. 아기가 엄마 배 쪽으로 다가오면 두말없이 바로 제자리에 데려다 눕히세요. 몇 번을 반복해도 말없이 똑같이 합니다.

만약 아기가 거세게 저항한다면 다음 단계로 들어가는데요. 여건이 된다면 엄마 잠자리와 아이 잠자리 사이에 아이가 무너뜨릴 수 없는 가림막을 놓는 것도 좋습니다. 또는 아기가 자다가 엄마 쪽으로 다가와 엄마 배를 베는 순간 엄마가 바로 자리에서 일어나는 방법도 생각할 수 있습니다. 아이가 계속 울면 방을 나옵니다. 아이가 따라 나오지 못하도록 문에 안전장치를 미리 해둘 필요도 있습니다.

악을 쓰고 울더라도 울지 말라고 다그칠 필요는 없습니다. 다만 아무리 울어도 엄마의 배를 베고 자도록 허용하지는 마세요. **아이가 이것은 절대로 넘어설 수 없는 한계라는 것을 확실하게 인식하기만 하면 습관은 곧 바뀝니다.** 그렇게 엄마의 배가 아닌 편안한 베개에 의지해서 자는 새로운 습관을 얻으면 아이와 엄마의 밤잠은 동시에 편안해질 테고요.

흐느끼면서도 스스로 자보려고 노력한다면 아이에게 사랑이 듬뿍 담긴 뽀뽀를 보너스로 더 해줄 수 있고 아침에 일어났을 때 지난밤의 행동에 대해 무한한 칭찬을 해주면 효과가 더욱 커집니다.

재접근기

18개월 무렵이 되면 입으로는 아니야!를 반복하면서도 행동은 다시 엄마 껌딱지가 될지 모릅니다. 특히 동생이 있는 경우 더욱 더 엄마를 차지하려고 하며, 잠잘 때 엄마 몸에 자신의 몸을 비벼 대기도 하고 엄마가 눈에 안 보이면 대성통곡을 하기도 합니다. 엄마 말고 다른 사람은 소용이 없는 경우가 많습니다.

대상 관계 이론가 마거릿 말러는 이 시기를 '재접근기'라고 표현 하였습니다.

재접근기에는 단호한 훈육보다 공감이 훨씬 우선되어야 하지만 그렇다고 그동안 정한 규칙을 완전히 무너뜨려서는 곤란하고 여 전히 한계를 명확하게 알려주는 것은 필요합니다. 위험한 행동을 할 때는 구구절절 설명하기보다 단호하게 말로 제지하고, 아기가 계속 듣지 않으면 바로 행동으로 제지합니다.

악을 쓰고 운다면 스스로 진정할 때까지 잠시 기다려주고, 울음 을 그치면 아이의 마음을 읽어줍니다. 아직은 자세하게 설명하고 이해시켜 마음을 안정시키기는 어려운 나이입니다. 아이가 불안 해할 때도 불안해할 이유가 없음을 설명하기보다 반복적으로 안 아주고 괜찮다고 말해주는 것이 더 효과적입니다.

잠을 거부한다면

재접근기에는 잘 자던 아기가 잠을 못 자기도 하고, 기존에 수면 문제가 있었다면 잠이 좀 더 어려워질 수 있습니다. 이때는 원칙에 약간의 융통성을 줍니다. 아이를 너무 밀어내기보다 아이가 원하는 것을 조금 더 들어주고 좀 더 오래 옆에서 안정을 시켜주세요. "왜 안 자는 거니? 빨리 자야지 자자~!!" 하는 말은 오히려 잠에 대한 거부감을 더 크게 하므로 도움이 되지 않습니다. 아이를 빨리 재워야겠다는 조급한 마음은 오히려 잠을 더 어렵게 만들 수 있으므로 주의합니다.

하지만 질 좋은 수면을 위한 원칙인 수면의식, 일찍 재우기 등에 대해서는 가능하면 원칙을 지키고 대신 낮에 더 많이 안아주는 등 신체접촉을 늘려주면서 "○○ 옆에 항상 있을 거야. 사랑해" 라고 더 자주 말해줍니다.

아이의 불안이 너무 크다면 이미 다른 방에서 자던 아이라도 한동안은 엄마나 아빠가 아이 침대 안으로 들어가 함께 수면의식을 하며 충분한 스킨십을 해줄 수도 있습니다. 늘 잠들던 잠자리를 거부한다면 잠시 다른 공간에 아이가 좋아하는 이부자리를 펴고 자는 것도 시도해볼 수 있습니다.

또 전보다 더 긴 잠들기 전 이완 시간이 필요할 수 있습니다. 무엇보다 잠을 준비하는 시간이 부모와 함께하는 행복한 시간이라는 느낌을 갖도록 해주는 것이 가장 중요합니다.

3 —————————— 무엇이든 물어보세요

Q 둘째가 태어난 후, 첫째의 수면 패턴이 흐트러졌어요. 예전
에는 애착인형을 안고 혼자 잠이 들었는데, 이제는 동생처럼
엄마 젖을 만지겠다고 떼를 씁니다. 갑자기 새벽에 일어나
엄마 젖을 찾기도 하고요. 아이가 안쓰럽긴 한데, 어떻게 도
와주면 좋을까요?

A 동생이 태어나면 큰 아이가 퇴행을 보이는 경우가 많습니다.
동생이 관심과 사랑을 받는 것을 보면서 자신도 동생과 같은
행동을 해야 다시 사랑 받을 수 있을 거라고 생각하거든요.
그 심정을 짐작하더라도 아기를 돌보느라 힘든 엄마는 큰아
이가 야속하고 아이는 그런 엄마가 더욱 서운한 상황이 반복
될 거예요. 세 가지 원칙을 생각하면서 작전을 짜 봅니다.
첫째는 큰아이가 약간의 성취감을 얻을 수 있도록, 동생 돌보
는 일이나 집안일에서 작은 역할을 주세요. 그리고 그 역할

수행에 대해 폭풍 칭찬과 함께 고마움의 표시를 해주세요

둘째, 잠깐이라도 오롯이 큰아이에게만 집중하는 시간을 마련하세요. 다른 사람에게 아기를 잠깐 맡기고 오롯이 큰아이와 눈 맞추고 노는 시간이 필요해요. 시간이 길 필요는 없어요. 둘만의 비밀 신호를 만들어서 가끔 눈빛과 신호를 교환하면 아이가 아주 좋아합니다.

셋째, 사랑을 되찾으려는 노력이 무척 안쓰럽고 공감이 필요하지만 한계는 분명해야 해요. 엄마 젖을 만지면서 자려고 하거나 새벽에 일어나서 젖을 먹으려고 하는 등 허용할 수 없는 행동에 대해서는 양보하지 말고 단호하게 대처해야 합니다. 단호한 태도가 야단을 치라는 말은 아닙니다. 아기의 행동을 바꾸는 최고의 전략은 바람직하지 않은 행동에 대해서 일체 반응을 보이지 않는 것입니다.

첫째의 퇴행을 되돌리는 전략

- 일주일에 한두 번, 잠깐이라도 첫째와 엄마 둘만의 시간을 가져보도록 합니다.
- 아이와 엄마 둘만 아는 비밀 신호를 만들어봅니다.
- 아이와 약속한 것은 꼭 지키도록 합니다.
- 아이가 중요하게 여기는 물건은 둘째로부터 보호해주도록 노력합니다.
- 서운한 마음을 표현할 기회를 주고 헤아려주며 공감해줍니다.

Q 자기 전에 우유나 물을 많이 먹으려고 합니다. 아기가 어렸을 때에는 충분히 수유를 한 뒤 재우라고 들었는데, 지금 시기에도 유효한 걸까요?

A 아기도 소변이 마려운 느낌을 알기 때문에 성인과 마찬가지로 잠자기 전 우유나 물을 너무 많이 먹으면 자꾸 방광이 차서 자는 내내 숙면을 방해할 수 있습니다. 자기 전 집중수유는 밤중 수유를 하는 월령의 이야기이고 이제는 잠자기 직전에 먹는 것은 피해야 합니다. 잠자기 전 적어도 한 시간은 먹지 않는 것이 잠을 잘 자도록 도와주는 일이며 꼭 필요하다면 아주 조금만 마시게 합니다.

Q 곧 어린이집에 보내야 하는데 마음이 편치 않습니다. 아이마다 낮잠 자는 시간도 다를 텐데, 어린이집 보내기 전, 엄마가 해줄 수 있는 일이 있을까요?

A 많은 부모들이 불안해하면서 다가올 시간만 기다리는데 그보다는 실제적인 준비를 차근차근 시켜주세요. 아기를 데리고 어린이집 근처를 왔다갔다 해보기도 하고 함께 어린이집에 잠깐씩 방문하면서 흥미를 유발해보는 것도 좋습니다. 유난히 불안해하는 아기라면 어린이집 안에서 아기가 확인할 수 있는 거리를 두고 함께 머무르는 시간을 점차 늘려가는

것도 좋은 준비입니다. 무엇보다 중요한 것은 어린이집과 집에서의 일과가 너무 다르지 않도록 기상 시간, 낮잠 시간 등을 미리 맞춰주는 것입니다. 종종 어린이집에 가기 위해 아침에 허겁지겁 깨워 등원시키는 모습을 볼 수 있는데 그러면 아기의 컨디션이 좋지 않아 어린이집 생활이 즐겁지 않게 됩니다. 되도록 등원 1~2시간 전에 깨워 집에서 충분히 준비하고 등원할 수 있게 해주세요. 늦게 일어나는 아기라면 갑작스럽게 기상시간을 바꾸기는 어려우니 조금씩 서서히 바꿔보도록 합니다. 또 집에서의 낮잠 시간이 어린이집 낮잠 시간과 다르다면 아기는 어린이집 낮잠 시간에 억지로 잠을 청하느라 힘들 수 있습니다. 미리 시간표를 조정하세요. 주중과 주말의 일과가 같아야 하는 것도 마찬가지입니다.

7시	기상	
7시 30분	유아식 아침식사	
8시 30분	생우유1 생우유 200ml	
12시	유아식 점심식사	
13시	낮잠 (1시간30분~2시간)	어린이집 낮잠
18시 30분	유아식 저녁식사	
19시	생우유2	생우유 200~250ml 먹여주세요
19시 30분	수면의식	집안을 최대한 어둡고 조용하게 해주고, 아기가 나른해질 수 있도록 수면의식을 30분 정도 진행해주세요.
20시	밤잠 시작	

10장
24개월 이후 수면문제

야경증
코골이
잠자리 공포

24 months 이후
- 야경증 • 코골이 • 잠자리 공포

낮잠 횟수 0~1회

수면

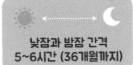

낮잠과 밤잠 간격
5~6시간 (36개월까지)

총 낮잠시간 : 0~2시간

통잠시간 (밤잠) : 9~11시간

밤잠시간 : 9~11시간

총 수면시간 : 11~13시간

총 우유 섭취량
200~400ml

총 섭취 횟수 2회

우유

유아식 횟수 : 3회

유아식

유아식 간격
6시간

자료 출처: 아기잠연구소

1   여러 가지 수면장애가 나타날 수 있어요

이제 대부분의 아이들이 어린이집이나 유치원에 다니겠지요.

어린이집에 다니면서 전보다 잘 먹고 잘 자는 아이가 있는 반면 어린이집에 다니기 시작한 뒤로 밤잠 재우기가 힘들거나 자다가 더 많이 깨는 아이들도 있을 것입니다. 전에는 없던 일인데 **잠자리에만 들면 무섭다고 울거나 자다가 무서운 꿈을 꾼 것처럼 느닷없이 소리를 치는 아이들도 있을지 모릅니다.** 아기의 달라진 잠자리 행동의 이유가 짐작이 안 되면 엄마 아빠는 무척 당황스럽고 걱정도 될 텐데요. 대부분은 **활동이 많아지면서 피곤해진 까닭입니다.**

혹시 어린이집 선생님이 아이 낮잠 재우기가 너무 힘들다고 하소연하던가요? 어린이집 일과와 집에서의 일과가 잘 맞지 않아서일 가능성이 크므로 잘 확인해보세요. 물론 어린이집 선생님들도 아이들 낮잠 잘 재우는 방법을 더 연구해야 하고요.

이 시기 아이들의 잠자리 공포를 덜어주려면 부모들의 노력이 필요합니다. 어른들은 이해하지 못하나 어린 아이들은 상상 속에서 곧잘 위험을 만들어내기 때문에 평범한 일상에서도 공포를 경험하곤 합니다. 가끔은 변기 물 내리는 소리나 청소기 소리에도 놀랄 수가 있으며 그림자에 놀라기도 하고 잘 아는 사람이라도 얼굴을 가리면 매우 무서워합니다. 또 아이는 어른들이 말한 것을 액면 그대로 믿기 때문에 어른들의 농담에서도 두려움을 느낄 수 있어서 아이들 앞에서 하는 말은 주의가 필요하며 특히 아이가 보는 영상은 부모가 노출여부를 잘 조절해주어야 합니다.

만약 아이가 입을 벌리고 자고 코를 가늘게 골기도 한다면 병원에 가서 원인을 확인해야 합니다. 치료가 필요한 일이라면 서둘러야 하고요. 코를 골면서 자는 것은 공기가 통과하는 숨길이 좁아졌다는 뜻이므로 더 진행하면 수면무호흡이 발생할 수 있습니다. 수면무호흡이 조금이라도 있으면 자꾸 잠에서 깨게 되어 숙면을 할 수가 없습니다.

숙면 부족은 매우 흔하게 행동문제나 학습문제를 만듭니다. 또 코골이와 수면무호흡 때문에 잘 자라지 못하거나 비만해지는 아이들도 있습니다.

아주 흔한 일은 아니지만 간과되기 쉬운 또 하나의 수면문제는 '하지불안증후군'입니다. 만약 아이가 유난히 잠들기가 힘들고 잘 때마다 자꾸 다리를 움직이면서 잠에서 자주 깬다면 '하지불안증후군'으로 고생하고 있을지 모릅니다. 아이의 증상이 이렇다면 소아신경과 전문의를 찾아가서 진료를 받는 것이 좋습니다.

코골이/구강호흡 (아데노이드 비대)

입을 벌리고 자거나 어른처럼 코를 골면서 자는 아이들이 있습니다. 코를 고는 이유는 잠이 곤해서가 아니라 숨이 지나가는 위쪽 기도가 좁아져 있기 때문입니다. 기도가 좁아지면 산소 공급도 그만큼 줄어들기 때문에 늘 코를 곤다면 그만큼 잠이 편안하지 않다는 뜻입니다.

입을 벌리고 자는 것도 코로 숨을 쉬기 어렵기 때문인데 비염처럼 콧구멍 안이 막힐 때도 그렇지만 코에서 기도로 연결되는 부위가 좁아들어서 코를 통해서는 기도로 공기를 보낼 수가 없어서이기도 합니다.

코골이가 좀 더 심해지면 잠깐씩 숨이 멈추는 수면무호흡 증상이 나타납니다. 수면무호흡증이 있는 사람의 수면은 일정 간격으로 계속 바늘에 찔리는 고문을 당하면서 짬짬이 눈을 붙이는 것과 같아 만성적 수면 부족에 허덕이게 되므로 집중력과 생활 활력이 매우 떨어질 수밖에 없습니다.

우리가 종종 놓치고 있지만 **사실은 생각보다 많은 아이들이 코골이와 수면무호흡에 시달리고 있습니다.** 취학 전 아동의 1~3%가 수면무호흡증을 가지고 있으며 무호흡은 아니더라도 코골이가 있는 경우는 무려 10~20%에 이릅니다. 특히 2살에서 6살 사이에 코를 고는 어린이들이 늘어나는데 그 이유는 **이 시기가 편도와 아데노이드가 가장 커지는 시기이기 때문입니다.**

아데노이드는 공기가 코를 지나 기도로 넘어가는 위치하고 있으면서 해로운 병원체로부터 인체를 보호하는 면역작용을 하는 기관이지만 너무 비대해지면 공기의 흐름을 방해하게 됩니다.

아이가 자주 코를 골거나 늘 입을 벌리고 잠을 잔다면 전문의사의 진료를 하루빨리 받아보는 것이 좋습니다. 수면무호흡증은 일찍 알고 치료해줄수록 아기에게 미치는 악영향이 줄어들기 때문입니다.

아이가 집중력이 떨어지거나 너무 산만해서 ADHD(주의력결핍 과잉행동 증후군)가 의심되는 경우에도 반드시 코골이와 수면무호흡 여부를 같이 확인해보는 것이 좋습니다. 집중력 저하의 원인이 ADHD라는 기저질환 때문이 아니라 잠을 충분히 자지 못해서 생긴 것일 수도 있으니까요.

수면무호흡증을 가진 아기들이 보이는 증상 체크리스트

		O	X
1	코를 골고 자는 날이 많다		
2	잘 때 숨소리가 거칠거나 잠시 숨을 멈추기도 한다		
3	입을 벌리고 숨을 쉰다		
4	숨소리가 크다		
5	잘 때 땀을 많이 흘린다		
6	자면서 심하게 뒤척이거나 자주 깬다		
7	중이염과 축농증이 잦다		
8	감정 기복이 심하고 많이 보채며 인내심이 부족하다		
9	주의 집중을 잘하지 못 한다		
10	특별한 이유 없이 잘 안 먹고 체중증가가 잘 안 된다		

코골이, 수면무호흡증의 치료

아데노이드 비대로 인한 코골이와 수면무호흡증은 아데노이드 제거 수술로 80% 이상의 증상이 호전됩니다. 전신마취의 위험 때문에 망설이는 분들이 있지만 편도와 아데노이드 제거 수술은 우리나라 의료진들에게는 이미 경험이 아주 많이 축적된 수술이며 위험성이 그리 높은 수술도 아닙니다. 또 수술 기법이 발달하면서 이제는 꽤 어린 나이에도 수술이 가능해졌습니다.

수면 부족으로 인한 합병증과 자는 동안 산소공급이 되지 않아서 심혈관계에 미치는 영향을 비교해볼 때 수술의 위험성보다 아데노이드 비대를 그대로 방치했을 때의 위험성이 백배 천배 더 큽니다.

아데노이드 수술을 하고 나면 아이들이 이렇게 달라집니다.

첫째, 따라잡기 성장을 합니다. 염증으로 아픈 일이 줄고 밤에 숙면을 할 수 있으니 그동안 못컸던 만큼 쑥쑥 크는 거지요.

둘째, 잠을 깊이 잘 수 있어 집중력이 향상될 수 있습니다.

셋째, 아이 잘 자게 되면 가족 전체가 잘 잘 수 있습니다.

하지불안증후군 (3세 이상)

하지불안증후군(Restless legs syndrome, RLS)을 알고 있나요? 가만있으면 다리에 불쾌하고 불편한 느낌이 생겨서 어쩔 수 없이 다리를 자꾸 움직이게 되는 증상을 말합니다. 주로 저녁이나 밤에 증상이 있고 누워있을 때 더 심해지기 때문에 보통 수면장애를 동반합니다. 다리를 움직이거나 주물러주면 불편함이 완화되기 때문에 아이는 잠자리에 들 때마다 자꾸 다리를 주물러달라고 말하는데 정말 다리가 불편해서 주물러달라고 하는 것인지 안 자려고 꾀를 부리는 것인지 매우 헷갈릴 때가 많습니다.

하지불안증후군은 주로 중년 이상의 여성에게 증상이 나타난다고 알려져 있지만 사실은 소아에게도 아주 드문 것은 아닙니다. 다만 소아는 증상에 대해 표현하는 능력이 미숙하므로 진단을 내리기 어렵고 다리의 불편한 느낌을 단순히 통증으로 표현하여 성장통이나 관절염 등으로 오인될 소지가 다분할 뿐입니다.

특히 주의력결핍 과잉행동증후군(ADHD)진단시 유의할 필요가 있습니다. 하지불안증후군을 가진 소아들은 움직이지 않으면 다리가 불편해서 자리에 가만히 앉아 있지 못하거나 다리의 불편함 때문에 주의력이 떨어져 마치 ADHD처럼 보이기도 하거든요. 또 다리가 불편해서 깊은 잠을 못자면 수면 부족의 결과로 ADHD처럼 보일 수도 있으며 두 질환이 동시에 있는 경우도 있습니다.

그래서 ADHD가 의심되는 아이들은 수면문제가 주의력문제를 유발하는지 반드시 확인해야 하는데 이 때 하지불안증후군 여부도 함께 물어보는 것이 좋습니다.[16]

소아에서는 성인처럼 약을 쓰는 것이 제한되어 있으므로 하지불안증후군을 약으로 치료하기는 어렵습니다. 다만 규칙적 수면습관, 너무 늦게 깨어 있지 않는 것, 카페인 함유 음료를 제한하는 등 적절한 수면 위생을 지키면 증상이 훨씬 가벼워집니다. 철분 보충요법이 도움이 되는 수도 있습니다.

심한 수면중 움직임 (Restless Sleep Disorder)

코골이나 비염, 하지불안증후군 등 수면에 방해가 될 만한 신체적 요인이 전혀 없는데도 아이가 밤마다 너무 심하게 움직이고 가끔 침대에서 떨어지기도 한다면 '심한 수면중 움직임(Restless Sleep Disorder)'일지 모릅니다.

'심한 수면중 움직임'은 최근 들어서야 연구가 진행되고 있는 소아수면장애 중 하나인데 주로 만 6세부터 18세 사이 아이들에게서 드물지 않게 나타날 수 있다고 합니다. 만약 아이에게 이런 증상이 의심된다면 수면다원검사를 통해 정확한 진단을 받은 뒤 필요한 치료를 해야 합니다. 충분한 철분 투여가 현재로서는 가장 좋은 치료로 알려져 있습니다.

2 —————— 24개월 이후 수면교육

이제 부모가 힘들여 재우지 않아도 시간이 되면 잘 자는 아이들이 많을 거예요. 하지만 돌 미만에 수면습관이 좋지 않았던 아이들 중 상당수는 아직도 재우기가 힘들 수 있습니다. 벌써 두 돌이 되도록 재우기 위해 실랑이를 해야 하면 부모는 이미 아이 하자는 대로 해서 재우는 것이 습관화되어 있거나 화를 내서 재우는 것이 일상일 수 있습니다. 더러는 아이가 의사소통이 가능해졌기 때문에 아이를 설득해서 재우려는 분도 있을 것입니다.

이 시기 아이들의 행동을 바람직한 방향으로 유도하는 가장 좋은 방법은 **스스로 노력할 수 있도록 동기부여를 해주는 것**입니다. 수면교육도 마찬가지입니다. **스스로 잠을 자기 위해 애쓰도록 작전을 잘 세워야 합니다.**

안 자려고 하는 아이에 대처하는 방법

아이와 논리적으로 말하지 않기

어린 아이들은 아직 논리적으로 설득하기 어렵습니다. 집중적으로 문제를 드러낼수록 오히려 문제가 더 강화될 우려만 커지므로 취침시간에 끝없이 설명하고 타협하고 야단치는 함정에 빠지지 않아야 합니다. 대신 필요하다면 편안한 시간을 골라 "네가 엄마 아빠를 도와주지 않아 속상해" 하는 식으로 거창하지 않게 말해봅니다.

대신 아이가 협조를 잘했을 때는 구체적인 행동을 분명히 칭찬해줍니다. "잘 자려고 노력하다니 정말 대단해" 정도면 좋습니다.

수면규칙 만들기

아이가 규칙을 이해할 수 있다면 수면규칙이 그려진 포스터를 아이와 함께 꾸민 뒤 방 벽에 붙여봅니다. 백 날 말로만 하는 것보다 지속적으로 규칙을 일깨워주는 포스터가 훨씬 도움이 됩니다.

다만 규칙보다 더 선행되어야 하는 것이 규칙을 정했으면 일관되게 유지하는 것과 재우는 시간을 잘 맞추는 것입니다. 별로 졸리지 않거나 지나치게 졸려서 짜증이 나는 때는 규칙을 알려줘봐야 소용이 없이 실패합니다.

포스터 앞에는 꼭 아이의 이름을 적어 넣습니다.

지수의 수면규칙

1. 침대에서 나오지 않는다
2. 소리 내지 않는다
3. 눈을 감고 뜨지 않는다
4. 잠을 자려고 노력한다
5. 노래(미리 정한 특정한 노래)소리가 들릴 때까지 방에서 나오지 않는다
6. 무서우면 종을 흔든다 (계속 종을 흔들어도 엄마 아빠는 딱 한 번만 방으로 올거야)

- 밤잠과 낮잠을 잘 때 규칙을 먼저 읽어주고, 잘 협조하면 어떤 상을 주며 안 지키면 어떤 특권이 제한되는지를 부드럽게 일러 줍니다.
- 목표로 하는 잠시간이 끝나면 수면규칙 시간이 끝났음을 알리는 알람이나 조명이 켜지도록 해놓고 알람소리가 들리면 엄마를 부를 수 있다고 말해줍니다. 대신 시간이 되어서 아이가 엄마를 부르면 즉각 아이에게 가서 약속한 보상과 특권을 주어야 합니다.
- 보상은 아이가 볼 수는 있고 손은 안 닿는 곳에 두면 효과적입니다. 아이가 잠든 후에 아이가 좋아하는 인형 아래 선물을 놓아 아침에 일어나서 떨리는 마음으로 찾도록 하는 것도 좋은 동기부여가 됩니다.
- 낮잠 때는 실제로 잠을 자지 않았더라도 1시간 동안 수면규칙을 따랐으면 정한 상을 주도록 합니다.

- 아이가 어릴 때는 잘못했을 때 특권을 제한하는 것보다는 규칙을 잘 지켰을 때 보상하는 방법만을 사용하는 것이 좋습니다. 아이가 자랄수록 여러 번 작은 보상을 주는 것보다 여러 번을 모아 한꺼번에 큰 보상을 주는 방법을 시도해볼 수 있습니다.
- 아이가 커서 개념을 이해하면 규칙을 따르지 않을 때는 특권을 제한하는 방법을 같이 사용합니다. 예를 들면 스마트폰 사용 시간 줄이기, 침대에서 나올 때마다 조금씩 문을 더 닫기 등의 방법이 있습니다. 다만 블록 쌓기 같은 창조적 활동을 특권 제한의 범주에 넣지는 않도록 합니다. (참조: 마크 웨이스블러스,《잠의 발견》)

어린이집 선생님들께 : 낮잠은 이렇게 재우세요

어린이집에서 아이를 억지로 재우려다 목숨까지 잃게 하는 사고가 벌써 여러 번 일어났습니다. 아이가 안 자려고 한다고 제 고집대로 하게 두면 다른 아이의 수면을 방해하기도 하려니와 오후로 갈수록 짜증이나 공격적인 행동이 늘어나게 될 테니 억지로 재워야만 하는 선생님들의 심정도 전혀 이해 못할 바는 아니에요. 하지만 우격다짐으로 재운다고 아이가 잠이 드는 것은 아니며 오히려 위험해지기만 합니다. 아이를 유난히 재우기가 힘들다면,

첫째, 정말 졸리지 않은지를 생각해보세요. 서너 살 이상의 아이들은 밤잠을 잘 잔다면 이미 낮잠이 필요 없을 수 있죠. 깨어 있는 아이들이 자는 아이들을 방해하지 않도록 다른 곳에 가서 조용히

놀도록 해주어야 합니다. 아침에 늦잠을 자고 어린이집에 온 아이들도 마찬가지입니다. 졸리지 않은 아이들을 억지로 눕혀 놓는 것은 옳은 일이 아닙니다. 늘상 늦잠을 재워 어린이집에 보내는 가정이 있다면 협조를 구하세요. 낮잠이 하루 한 번 필요한 아이라면 아침 기상 후 낮잠까지 약 4시간은 깨어 있어야 낮잠을 쉽게 잔다고 양육자들에게 반복적으로 알려주어야 합니다.

둘째, 집에서와 어린이집의 낮잠 시간이 차이가 많이 나는지 확인해보세요. 주말에는 느지막이 낮잠을 자는데 어린이집에서는 일찍 자야 한다면 잠들기가 어렵겠지요. 이럴 때는 집에서도 어린이집에서와 같은 일과를 보내도록 각 가정에 협조를 반복 요청하세요. 가정과 어린이집, 학교가 일체가 되어 아이를 돌보고 교육하는 것은 언제나 매우 중요한 일입니다.

셋째, 잠자리 환경을 잘 만들어주세요. 어둡고 조용해야 하는 것은 물론이지만 자는 곳과 노는 곳이 공간상 분리가 되어 있어야 합니다. 아무리 피곤해도 방방 뛰던 곳에다 이부자리만 깔아놓고 자라고 하면 잠이 쉽게 들 수가 있겠어요? 공간이 부족하면 칸막이나 작은 텐트를 이용하는 등 공간을 분리할 수 있는 창의적인 방법을 고안해보세요. 아이가 이부자리 등 잠자리 환경에 예민하다면 집에서 쓰는 이부자리를 어린이집에 보내서 낮잠 시간에 덮도록 하는 것도 좋고 좋아하는 인형이 있다면 어린이집에 보내서 잘 때 안고 자게 하는 것도 좋겠습니다.

넷째, 아이들은 아무리 피곤하고 졸려도 안 자려고 버티는 일이 흔하므로 잠자리 준비시간을 통해서 먼저 마음과 몸을 차분하

게 잘 가라앉혀주세요. 예를 들면 우선 재우기 1시
간쯤 전부터는 활발한 신체활동 놀이 대신 차분한
놀이를 하게 하고 마지막에는 잠자리로 옮긴 뒤
책도 읽어주고 자장가도 틀어주고 하면서 잠이 들
도록 합니다.

잠자리를 무서워한다면

잘 안심시켜주고 격려해주면 대부분의 증상은 곧 사라집니다.
한동안 아이가 자는 방의 문을 열어두거나 평소보다 취침의식을
연장하는 것도 괜찮고 수호인형이나 부적, 드림캐처를 이용해서
아이를 안심시켜주는 것 또한 좋은 방법입니다.

무서움 때문에 잠들기를 어려워하면 재우고 나온 뒤라도 아이
옆에 한 번 더 가봐줄 수 있습니다. 다만 한정 없이 아이 옆에 있어
주면 앞으로도 한동안 엄마를 자기 옆에 두려고 하는 습관이 유발
될 수 있으므로 타이머를 세팅해두어서 정한 시간만큼만 아이 옆
에 머무르도록 합니다. 대신 타이머의 소리가 너무 크면 아이의 잠
을 달아나게 할 수 있으므로 주의가 필요하고요.

악몽을 꾸다 일어나서 울 때는 꿈에서 본 것이 현실이 아니라고
안심시켜주고 아이가 다시 잠들 때까지 같이 있어주세요. 다만 꿈
꾸지 않는 잠에서 발생하는 혼란각성을 악몽과 혼동하면 곤란합
니다. **악몽은 대부분 새벽에 꾸고 혼란각성은 잠든 후 1~3시간 무렵에 나
타날 가능성이 높습니다.**

만약 아이의 공포가 지나치다고 느껴지면 전문가의 도움이 필요할 수 있습니다.

사건수면 (혼란각성/야경증)

아이가 밤중에 갑자기 무서운 꿈이라도 꾼 것처럼 공포에 질린 표정으로 소리를 지르고 팔다리까지 버둥거리는데 달래려고 해도 쉽게 진정되지 않는다면 엄마 아빠는 무척 당황할 것입니다. 더구나 이런 일이 일주일에 두세 번씩이나 지속된다면 모르는 사이에 무슨 일이 있었던 것은 아닌지 크게 걱정이 되기도 하겠지요. 잠들 때까지는 별 문제가 없다가 잠든 지 2~3시간 무렵에 이런 현상이 자꾸 나타난다면 아이가 '부분각성(partial arousal)'을 경험하기 때문입니다.

부분각성이란 뇌의 일부는 각성이 되고 일부는 깊은 잠 속에 남아있는 상태를 말합니다. 피곤이 심해지면 부분각성이 일어나기 쉬워서 어린이집에 다니기 시작한 뒤에 첫 증상이 나타나는 일이 많으므로 어떤 부모들은 어린이집에서 무슨 일이 있었는지 의심을 하기도 합니다.

부분각성 상태에서 일어나는 수면문제를 사건수면이라고 말하는데, **아이들의 대표적인 사건수면으로는 혼란각성과 야경증, 몽유병이 있습니다.** 이 중 가장 흔한 형태가 혼란각성입니다. 혼란각성은 증상 시작 시기가 대개 만 2살 무렵이고 야경증이나 몽유병은 만 3~4세 이후 발생해서 초등학생 때까지도 지속될 수 있습니다.

야경증의 증상은 혼란각성과 비슷하나 신체 움직임이 더 심해서 좀 더 무섭게 보입니다. 사람들이 흔히 말하는 야경증은 오히려 혼란각성에 가깝고 대부분은 시간이 지나면서 스스로 호전됩니다. 하지만 만약 초등학교 고학년 이후에도 야경증 증상이 있다면 전문가를 찾아서 적극적으로 치료해야 합니다.

아이에게 사건수면 증상이 있다면

1. 대부분 잠들고 1~4시간 만에 발생하기 때문에 만약 잠든 지 4시간이 지나도 아무 일이 없다면 그날 밤은 괜찮다고 생각해도 됩니다.

2. 야경증 증상이 나타나는 시점에는 달래주려고 해도 전혀 달래지지 않습니다. 심지어는 곁에 있는 사람을 알아보지도 못합니다.

3. 야경증은 non-REM 수면(꿈꾸지 않는 깊은 수면) 중에 일어나는 일로, REM 수면(꿈꾸는 수면) 중에 일어나는 악몽과는 다릅니다. 악몽은 새벽 이후에 주로 나타나며 REM 수면 중에는 근육이 완전히 이완되므로 악몽 중에는 일어나서 움직이는 일이 거의 없습니다. 악몽을 꾼 아이는 다음 날 전날 밤의 일을 거의 기억하지만 사건수면은 다음 날 전혀 기억하지 못합니다.

4. 절대로 정신병이 아닙니다.

5. 가족력이 있는 경우가 많아서 야경증이 있는 아이들의 할머니에게 물어보면 아빠 엄마도 어렸을 때 같은 증상이 있었다는 대답을 많이 듣습니다.

6. 사건수면이 심해지는 상황은, 잠이 부족하거나, 수면 마취제를 먹었을 때, 많이 아플 때, 집이 아닌 다른 곳에서 잘 때, 스트레스가 많은 상황, 비염, 아데노이드 비대 등으로 호흡에 곤란을 느낄 때입니다.

7. 피곤할수록 부분각성 문제가 심화되므로 잠을 일찍, 충분히 재우도록 노력해야 하고 항상 정해진 시간에 재우는 것도 아주 중요합니다.

8. 전날의 행동에 대해 다음날 아이에게 이야기해주려고 하지 마세요. 아이는 자신의 행동을 기억하지 못하기 때문에 엄마의 말은 아이를 더욱 불안하게만 만듭니다. 불안해지면 문제는 더욱 심각해집니다.

9. 만약 날마다 비슷한 시간에 부분각성으로 인한 증상을 보인다면 시계를 잘 보고 있다가 증상이 일어나기 약 30분 전에 아이를 일부러 깨워볼 수도 있습니다. 대개 증상이 일어나기 30분쯤 전에 머리를 긁는다거나 입맛을 다시는 등 조금 다른 증상을 보이기도 하거든요.

10. 너무 자주 증상이 나타나면 아이도 위험하고 식구들도 잠을 이루지 못하므로 전문의와 상의하여 약을 사용해볼 수도 있습니다.

3 ———————— 무엇이든 물어보세요

> **Q** 저희 아이는 이제 만 3세가 되었어요. 근데 어느 날부터 재우려고 하면 갑자기 무섭다면서 소리를 지르고 밤에 갑자기 방에서 뛰쳐나와 엉엉 울기도 해요. 제가 이럴 땐 엄마가 괴물을 쫓아냈다고 이야기를 해주고는 있는데 이 방법이 좋은 방법일까요?

A 아이들은 그림자를 보고도 실제로 괴물이 있다고 느낄 수 있어요. 이런 일이 자주 반복되며 낮 동안 아이와 함께 괴물을 물리치는 놀이를 하거나 주인공이 괴물을 물리치는 동화, 귀엽고 착한 괴물 이야기를 읽어주세요. 아이가 괴물이 꼭 무서운 존재가 아니라는 생각을 하면 공포를 극복하기가 쉬워져요. 만약 아기가 잠에서 깨서 괴물이 무섭다고 이야기한다면, 엄마는 여기저기를 둘러본 뒤 "괴물은 이제 없단다" 라고 이야기해준 후 괴물은 엄마가 허락하지 않으면 절대 다시 나

타나지 않기로 약속했고, 이제는 다시는 나타나지 않을 것이라고 충분히 안심시켜주는 것도 좋습니다. 또 한동안 괴물이나 무서운 동물이 나오는 영상매체는 원천 차단해줘야 하고 무서운 괴물이 나오는 책도 자제하는 것이 좋겠죠?

Q 아이가 자다가 야경증 증상을 보이면 너무 무서운데 어떻게 대처해야 할까요?

A 첫째, 부모가 놀라지 않아야 합니다. 놀라서 허둥거리면 제대로 대처하지 못해 오히려 위험할 수 있습니다.

둘째, 아이가 잠결에 걸어다녀도 위험하지 않도록 주변을 정리합니다. 부분각성 시에도 아이들은 어느 정도는 앞을 보고 다니기 때문에 어둡지만 않으면 익숙한 환경에서는 다칠 염려가 별로 없습니다. 그러나 집이 아닌 곳이나 어두운 곳에서는 다칠 수 있으니 항상 잘 살펴서 위험할 만한 물건은 잘 단속해두어야 합니다. 아이를 따로 재우는 경우에는 아이가 방에서 나오는 것을 알 수 있도록 하기 위해 방문이 열리면 소리가 나도록 문에 종을 달아두는 것도 현명합니다.

셋째, 부분각성 중인 아이를 일부러 깨우려고 하지 않아야 합니다. 깨우려고 하면 오히려 시간이 길어질 뿐입니다. 다시 이부자리로 가도록 살살 유도해보고 만약 반항하면 그대로 두는 것이 좋습니다. 거부하지 않으면 부드럽게 안고 토닥여도 좋으나 반항하는 아이를 억지로 안아서는 안 됩니다.

넷째, 아이가 다칠까 봐 불을 밝게 켜면 아이를 완전히 깨워 버릴 수 있으므로 조명은 은은하게 하고 말소리도 낮추어서 대응하도록 합니다.

감사의 ——— 글

그 황홀한 성장과정을 선사해준 아기들,
행복하고도 지치는 육아 과정에 기꺼이 나를 동참시켜준 초보 부모들,
칭찬과 격려로 언제나 나를 춤추게 하는 동료들,
함께 아기를 키우는 행복한 세상에 대한 꿈이 나보다 백 배는 큰 '알잠'
친구들,
숱한 실수를 통해서만 성장하는 사람 곁에서 남모르는 고통이 있었을
가족들에게
무한한 사랑과 감사를 전합니다.

참고문헌

1. Sihyoung Lee, Seonkyeong Rhie, Kyu Young Chae, (2013). Depression and marital intimacy level in parents of infants with sleep onset association disorder: a preliminary study on the effect of sleep education. Korean J Pediatr., 56(5), 211-217.

2. Erica P. Gunderson, Sheryl L. Rifas-Shiman, Emily Oken, et al. (2008). Association of Fewer Hours of Sleep at 6 Months Postpartum with Substantial Weight Retention at 1 Year Postpartum. American Journal of Epidemiology, 167(2), 178-187.

3. Kate E Williams, Donna Berthelsen, Sue Walker, et al. (2017). A Developmental Cascade Model of Behavioral Sleep Problems and Emotional and Attentional Self-Regulation Across Early Childhood. Behav Sleep Med, 15(1), 1-21.

4. Fallon Cook, Laura J Conway, Rebecca Giallo, et al. (2019). Infant sleep and child mental health: a longitudinal investigation. Arch Dis Child, 2019-318014.

5. Michelle A Miller, Marlot Kruisbrink, Joanne Wallace, et al. (2018). Sleep duration and incidence of obesity in infants, children, and adolescents: a systematic review and meta-analysis of prospective studies, Sleep, 41(4).

6. Tuuli Tuohino. (2019). Short sleep duration and later overweight in infants. J. of pediatrics, 212, 13-19.

7. Manuela Friedrich, Ines Wilhelm, Matthias Mölle, et al. (2017). The Sleeping Infant Brain Anticipates Development. Current Biology, 27, 2374-2380.

8. Klára Horváth, Kim Plunkett. (2018). Spotlight on daytime napping during early childhood. Nat Sci Sleep, 10, 97-104.

9. Annie Bernier, Miriam H. Beauchamp, Andree-Anne Bouvette-Turcot, et al. (2013). Sleep and Cognition in Preschool Years: Specific Links to Executive Functioning. Child Development, 84(5), 1542-1553.

10. Nana Shin, Bokyung Park, Minjoo Kim, et al. (2017). Relationships Among Sleep Problems, Executive Function and Social Behavior During the Preschool Period. Korean J Child Stud, 38(3), 33-48.

11. 오연주, 이정수. (2014). 유아의 수면 시간이 유치원에서의 부적응에 미치는 영향. 한국유아체육학회지, 15(1), 41-49.

12. Soo Kyung Nam, Sangmi Park, Juyoung Lee, et al. (2019). Clinical Characteristics of Infantile Colic. Neonatal Medicine, 26(1), 34-40.

13. T Pinilla 1, L L Birch. (1993). Help me make it through the night: behavioral entrainment of breast-fed infants' sleep patterns. Pediatrics. 91(2), 436-44.

14. Patricio D. Peirano,a,* Cecilia R. Algarín,a Rodrigo A. Chamorro, et al. (2010). Sleep alterations and iron deficiency anemia in infancy. Sleep Med. 11(7), 637-642.

15. Peirano P, Algarín C, Garrido M, et al. (2007). Iron-deficiency anemia is associated with altered characteristics of sleep spindles in NREM sleep in infancy. Neurochem Res. 32(10), 1665-72.

16. Kwon Soon Hak, Sohn Youngsoo, Jeong Seong-Hoon, et al. (2014). Prevalence of restless legs syndrome and sleep problems in Korean children and adolescents with attention deficit hyperactivity disorder: a single institution study. Clinical and Experimental Pediatrics, 57(7). 317-322.

17. Richard Ferber. (2013). Solve Your Child's Sleep Problems. London: Vermilion.

18. Suzy Giordano. (2006). The Baby Sleep Solution. U.S.A.:Perigee

19. 마크 웨이스블러스. (2015). 잠의 발견(유혜인 옮김). 책밥풀

20. 범은경. (2016). 육아상담소 수면 교육. 물주는아이

21. 범은경. (2016). 엄마랑 아기랑 밤마다 푹 자는 수면습관(개정판). 새로운제안